计 算 机 科 学 丛 书

计算机工程的
物理基础

[美] 玛里琳·沃尔夫（Marilyn Wolf） 著　林水生 阎波 覃昊洁 等译
佐治亚理工学院　　　　　　　　　　　电子科技大学

The Physics of Computing

The Physics
of Computing
Marilyn Wolf

机械工业出版社
China Machine Press

图书在版编目（CIP）数据

计算机工程的物理基础/（美）玛里琳·沃尔夫（Marilyn Wolf）著；林水生等译 . —北京：机械工业出版社，2018.3

（计算机科学丛书）

书名原文：The Physics of Computing

ISBN 978-7-111-59074-3

I. 计… II. ① 玛… ② 林… III. 计算机科学－物理学 IV. TP30

中国版本图书馆 CIP 数据核字（2018）第 025443 号

本书版权登记号：图字 01-2017-0506

Elsevier

Elsevier (Singapore) Pte Ltd.

3 Killiney Road, #08-01 Winsland House I, Singapore 239519

Tel: (65) 6349-0200; Fax: (65) 6733-1817

The Physics of Computing

Marilyn Wolf

Copyright © 2017 Elsevier Inc. All rights reserved.

ISBN-13: 978-0-12-809381-8

注意

本译本由 Elsevier (Singapore) Pte Ltd. 和机械工业出版社完成。相关从业及研究人员必须凭借其自身经验和知识对文中描述的信息数据、方法策略、搭配组合、实验操作进行评估和使用。由于医学科学发展迅速，临床诊断和给药剂量尤其需要经过独立验证。在法律允许的最大范围内，爱思唯尔、译文的原文作者、原文编辑及原文内容提供者均不对译文或因产品责任、疏忽或其他操作造成的人身及 / 或财产伤害及 / 或损失承担责任，亦不对由于使用文中提到的方法、产品、说明或思想而导致的人身及 / 或财产伤害及 / 或损失承担责任。

出版发行：机械工业出版社（北京市西城区百万庄大街 22 号　邮政编码 100037）

责任编辑：蒋　越　　　　　　　　　　责任校对：李秋荣

印　　刷：北京诚信伟业印刷有限公司　　版　　次：2018 年 3 月第 1 版第 1 次印刷

开　　本：185mm×260mm　1/16　　　　印　　张：14.5

书　　号：ISBN 978-7-111-59074-3　　　定　　价：59.00 元

凡购本书，如有缺页、倒页、脱页，由本社发行部调换

客服热线：(010) 88378991　88361066　　　　投稿热线：(010) 88379604

购书热线：(010) 68326294　88379649　68995259　　读者信箱：hzjsj@hzbook.com

版权所有·侵权必究

封底无防伪标均为盗版

本书法律顾问：北京大成律师事务所　韩光 / 邹晓东

文艺复兴以来，源远流长的科学精神和逐步形成的学术规范，使西方国家在自然科学的各个领域取得了垄断性的优势；也正是这样的优势，使美国在信息技术发展的六十多年间名家辈出、独领风骚。在商业化的进程中，美国的产业界与教育界越来越紧密地结合，计算机学科中的许多泰山北斗同时身处科研和教学的最前线，由此而产生的经典科学著作，不仅擘划了研究的范畴，还揭示了学术的源变，既遵循学术规范，又自有学者个性，其价值并不会因年月的流逝而减退。

近年，在全球信息化大潮的推动下，我国的计算机产业发展迅猛，对专业人才的需求日益迫切。这对计算机教育界和出版界都既是机遇，也是挑战；而专业教材的建设在教育战略上显得举足轻重。在我国信息技术发展时间较短的现状下，美国等发达国家在其计算机科学发展的几十年间积淀和发展的经典教材仍有许多值得借鉴之处。因此，引进一批国外优秀计算机教材将对我国计算机教育事业的发展起到积极的推动作用，也是与世界接轨、建设真正的世界一流大学的必由之路。

机械工业出版社华章公司较早意识到"出版要为教育服务"。自1998年开始，我们就将工作重点放在了遴选、移译国外优秀教材上。经过多年的不懈努力，我们与Pearson，McGraw-Hill，Elsevier，MIT，John Wiley & Sons，Cengage等世界著名出版公司建立了良好的合作关系，从他们现有的数百种教材中甄选出Andrew S. Tanenbaum，Bjarne Stroustrup，Brian W. Kernighan，Dennis Ritchie，Jim Gray，Afred V. Aho，John E. Hopcroft，Jeffrey D. Ullman，Abraham Silberschatz，William Stallings，Donald E. Knuth，John L. Hennessy，Larry L. Peterson等大师名家的一批经典作品，以"计算机科学丛书"为总称出版，供读者学习、研究及珍藏。大理石纹理的封面，也正体现了这套丛书的品位和格调。

"计算机科学丛书"的出版工作得到了国内外学者的鼎力相助，国内的专家不仅提供了中肯的选题指导，还不辞劳苦地担任了翻译和审校的工作；而原书的作者也相当关注其作品在中国的传播，有的还专门为其书的中译本作序。迄今，"计算机科学丛书"已经出版了近两百个品种，这些书籍在读者中树立了良好的口碑，并被许多高校采用为正式教材和参考书籍。其影印版"经典原版书库"作为姊妹篇也被越来越多实施双语教学的学校所采用。

权威的作者、经典的教材、一流的译者、严格的审校、精细的编辑，这些因素使我们的图书有了质量的保证。随着计算机科学与技术专业学科建设的不断完善和教材改革的逐渐深化，教育界对国外计算机教材的需求和应用都将步入一个新的阶段，我们的目标是尽善尽美，而反馈的意见正是我们达到这一终极目标的重要帮助。华章公司欢迎老师和读者对我们的工作提出建议或给予指正，我们的联系方法如下：

华章网站：www.hzbook.com

电子邮件：hzjsj@hzbook.com

联系电话：（010）88379604

联系地址：北京市西城区百万庄南街 1 号

邮政编码：100037

华章科技图书出版中心

　　近年来，以物联网、大数据、互联网＋、智能计算和人工智能等为典型代表的信息领域的飞速进步，都是以计算机为核心，并在计算机基础之上发展起来的。计算机已经深入到每个人生产、生活的方方面面。那么计算机到底是什么，起什么作用，怎么工作，由哪些部分构成，又是怎么设计制造出来的呢？计算机方面的书籍很多，有关于硬件的，也有关于软件的，有关于原理的，也有关于组装的，还有关于设计的、应用的，等等。但这些书往往只侧重于某一个方面，几乎没有对计算机各方面都有所涉及的。本书填补了这个空白——一本描述计算机各方面的内容齐备的书。因此我们把它翻译出来，推荐给读者朋友。

　　本书从计算的起源需求开始，介绍了机械式计算设备以及现代电子计算机。不仅系统地介绍了制造电子计算机的电子管、晶体管、集成电路等基本器件，还讨论了制造器件的金属材料、半导体材料，以及制造半导体器件的工艺技术和良品率等指标。

　　其他相关书籍对逻辑门的讨论几乎都关注逻辑器件的功能实现，而本书详细讨论了门电路的静态特性和动态特性，在晶体管级讨论了门电路的延迟模型、驱动特性、功耗原理、带负载能力和可靠性等，还详细讨论了缩放原理，给出了不同尺寸器件的物理原理。

　　时序机是计算机组成和实现的基础和核心，也是数字电路的核心内容。关于时序机的设计分析，在众多书籍中都有详细的讨论。而本书则从另一个视角讨论时序机的内容，涵盖逻辑电路的事件驱动模型、电路网络模型、延迟原理、噪声与可靠性、电源与功耗等。还讨论了集成电路芯片中元器件互连的寄生参数、传输线效应及其等效分析、信号串扰和布线的复杂性。在介绍时序电路的基础上，重点讨论了时钟漂移对时序电路的影响，以及电路进入亚稳态的原因及其后果。

　　本书从工程角度阐述了计算机系统的组成结构，具体内容包括：详细论述了影响计算机系统可靠性的因素；给出了处理器的结构与布局，详细分析了总线等效模型，进而分析了芯片内的缓冲与延迟模型以及芯片内的时钟树，给出了计算机执行速度的制约因素；分析了计算机系统核心部件之一的存储器架构、性能及其可靠性，以及大容量存储器系统；详细论述了计算机系统的功耗和热传递等重要工程指标；分析了计算机的显示输出设备，以及图像传感器、触摸传感器、传声器、惯性传感器等多种用于信息采集的输入设备的原理；最后介绍了碳纳米管、量子计算机等与计算机相关的最新技术。

本书涉及的知识面非常宽，从玻耳兹曼常数到热传递效率及计算机系统的散热管理，从晶体管制造工艺到集成电路芯片设计再到计算机系统的组成，从 RC 延迟模型到计算机执行速度，等等。本书对于理解计算机系统的工程原理具有非常重要的参考价值，不仅可作为高年级本科生和研究生的教学参考书，对相关工程技术人员也具有一定的参考价值。

本书由电子科技大学林水生、阎波、覃昊洁、冯健翻译，并由林水生完成校稿和统稿。研究生凤菲菲、魏路、彭海、宋晓雪、罗悦、黎杨、鲁瑶、钟小勇等也参加了本书部分初稿的翻译工作，在此表示感谢！

在翻译过程中，译者力求准确表达原文含义，尽可能使文字流畅易懂。但由于水平和时间所限，难免有疏漏和错误之处，敬请广大读者指正。

译 者

2017 年 12 月

本书试图从更广泛、更基础的角度来描述计算机工程。一直以来，计算机系统设计采用的都是示例驱动的方法，大量软件都遵循从理论到实现的设计过程——比如排序算法。以前，我们并不能十分确定计算机系统设计中的一些关键问题，因此需要针对特定的系统需求进行分析研究，但是现在，我们已经能够对其中的许多问题进行普适描述。本书中计算机工程设计方法的核心则是那些更基础的理论。

数字系统的基本原理是我们学习的重中之重，因为现在我们已经很难再触摸到或看到逻辑电路层面的操作。当我还是学生的时候，大多数系统由电路板搭建而成，而电路板则由小规模集成（SSI）逻辑电路和中规模集成（MSI）逻辑电路组成。我们当时别无选择，必须通过分析电路和信号波形来解决问题。而现在，所有东西都隐藏在一块芯片里面，即使对于电路板来说，连线也更细并且更难以分析。今天，许多学生只知道芯片中处理的是"0"和"1"，而对计算机系统中的电压与电流毫无概念。

本书并不要求学生设计任何东西，而是将带领学生研究决定计算机系统设计空间的基本原理。我认为这些基本原理相对于计算机系统就像控制面板上的旋钮相对于仪表一样：改变旋钮的设置会导致仪表数值发生变化，并且一个旋钮可能会影响几个仪表数值。想想看，这就像是降低 MOS 电介质厚度之后的连锁效应：晶体管跨导发生变化，进而缩短门电路的延迟，却增大了泄漏电流。

工程师不能只在理想情况下进行系统设计，而应该关注一系列的指标或需求。计算机架构设计的经典指标是性能，或者更准确地说是吞吐量。但实际设计时还必须兼顾一些其他指标，其中最重要的就是能耗以及可靠性。性能、功耗和可靠性都是底层物理现象的基础，并与物理实现有着千丝万缕的联系：改善其中一个指标可能会导致其他指标恶化。就像一句老话，天下没有免费的午餐，这也同样适用于计算机系统设计领域。

计算机工程是一个相对较新的研究领域，刚开始时往往专注于如何设计与归类——如实现某个系统，或者通过不同方式实现某个系统。随着该领域的逐渐成熟，现在可以开始研究其基本原理了。生物学家 E. O. Wilson 曾说过，"一个领域最初由提出的问题定义，但最终则由这个问题的答案确定。"计算机工程设计领域经过 70 年的发展，是时候开始思考这个答案了。

　　我关注计算机系统设计领域很长时间了。多年来，性能一直是计算机系统设计最重要的指标，当然，在 ASIC 设计领域则更关注面积（也就是成本）。在 Perry Cook 教授和我开设的关于普适信息系统的课程中，我开始更加认真地考虑其他限制因素，特别是功耗。佐治亚理工学院的这门新课程推动我把这一思路完善成合乎逻辑的结论。

　　这门课程涵盖了计算机系统的工程设计与物理实现。一些在计算机架构甚至软件设计中最基本的现象，比如内存墙、电源墙、快速暗场（race to dark）等问题，都与其物理基础有关。要想理解这些专业的计算问题，仅有肖克利半导体理论是远远不够的，我们还需要了解热力学、静电学以及大量的电路理论知识。

　　当我思考本书内容时，我意识到玻耳兹曼常数 k 是一个关键概念。k 随处可见：二极管方程、阿伦尼乌斯方程、温度等，数不胜数。玻耳兹曼常数将温度和能耗联系在一起，因此它理所应当地与本书主题紧密相关。

　　本书中的某些内容仅针对现代 CMOS 技术，比如漏电机制，而其他内容则可能适用于大量电路与元器件技术。对于计算机工程师而言，即使 CMOS 被其他技术所取代，逻辑线网延迟、亚稳态以及可靠性基础也仍然属于应掌握的基础知识。

　　一些读者可能会觉得本书中的部分内容过于简单和精练，但我希望这些读者能够在本书的其他部分找到浓缩和高深的感觉。理解计算机工作原理的唯一途径就是了解所有相关主题之间的关联，即使在刚开始时关联性表现得并不明显。我们知道设计过程中的一些关键点是相互联系的，因为当调节其中一个参数来优化设计时，却往往发现其副作用会抵消其他优势。本书将用尽可能简单的方式来描述概念，希望读者能够对它们有基本的了解。感兴趣的读者可以自行深入学习，不过本书的主要目的是为计算机物理实现提供统一的描述。

　　本书同时适用于计算机工程师和电子工程师。但这两类读者具有的知识背景差异很大：计算机工程师往往缺乏电路设计经验，即便他们知道基尔霍夫定律，但仍不擅长电路分析；而电子工程师则往往对计算机体系结构所知甚少。本书写作过程中的一个挑战就是为每一类读者都提供足够多的知识背景。

　　本书涵盖了大量的发现史和发明史。首先，回顾那些影响当下技术的设计方案，能够使我们认识到一个问题总有多种解决方案，并且能够令我们关注那些经过历史沉淀下来的方案的真正优势。其次，20 世纪一些最重要的发明都来自于半导体物理和计算机工程领域。这些发明在未来的几个世纪里仍然有用，但我们不能因为习惯了而忘记对这些发明以及发明家致以深深的敬意。

本书的最初灵感来源于 Richard Feynman 所著的《 Lectures on Computing 》一书，但那本书主要讲述量子计算，并没有考虑太多传统计算领域的问题。比如，Feynman 并没有提及的亚稳态其实是计算机系统设计中的一个基本物理现象。我们对 Feynman 在计算机物理本质方面的早期认知致以崇高的敬意，并感谢他所著的《 Lectures on Physics 》一书，这本书为我们认识计算机底层的基本物理现象提供了一个清晰且简洁的思路。

本书在写作过程中得到了许多人的帮助，他们是：我的朋友及同事 Saibal Mukhopodhyay 开设了" Physical Foundations of Computer Engineering "课程，他提供了许多具体建议，尤其在可靠性及漏电机制方面，在此对他的耐心及洞察力表示衷心的感谢；Dave Coelho 慷慨地提供了有关配电系统的相关信息；Kees Vissers 提出了弧焊机电流比较法；Alec Ishii 在时钟分配方面提供了建议；Kevin Cao 给出了如何最有效地利用预测技术模型（ Predictive Technology Model ）的建议；Bruce Jacob 对 DRAM 提供了见解；Srini Devadas 为附录 D 提供了建议；Tom Conte 提供了关于内核存储、Pentium Pro 的内容，并针对当今及未来计算展开了讨论。感谢审稿人的宝贵意见，感谢编辑 Nate McFadden 为本书的开发及出版提供的指导意见。若你发现本书中的任何错误，可以直接联系我。

玛里琳·沃尔夫（Marilyn Wolf）

亚特兰大

目录
The Physics of Computing

电子计算机

1.1　引言

现如今，计算机的应用已经融入了我们的生活。然而，什么是计算机呢？我们每天都使用的计算机可以概括为 EBT：电子（electronic）、二进制（binary）、图灵机（Turing machine）。这些技术的结合能够解决在天气预报、自动驾驶和购物等场景中遇到的各种各样的问题。

但是，经过了漫长的发展才成为今天的计算机，目前使用 EBT 的计算方法能够达到惊人的计算效率。回顾一些历史可以帮助我们了解为什么要用这种方式来构建现在所使用的计算机。可以计算的机器——用数值计算和执行其他多步任务——是最初构思和建造的唯一可用的设备（即机械装置）。这些机械计算机具有严重的局限性，只有通过发明电子设备才能克服这些局限性。

本章首先将简要介绍计算机的发展历史。然后将讨论基于这一早期经验发展而来的计算理论，这些理论为现代计算机思想奠定了理论基础。最后讨论用来评估计算机设计的指标以及物理学赋予我们的这些目标之间的权衡。这些将会在本书其余章节进行介绍。

1.2　计算机发展史

机械计算在很大程度上是由控制机器的需求所激发的。为了维持工业革命期间出现的设备的正常运行，人们无法快速可靠地做出反应。早期的机械计算设备是模拟的——是以连续值运行的。但是实现离散值计算的机器早就达到了惊人的程度。最终，描述这些机器类型的理论也发展起来了。其中一种理论——图灵机就是我们今天设计计算机的蓝图。

1.2.1　机械式计算设备

机械设备比电气设备要古老得多。使机器具有复杂行为的精妙之处不能降低。由于早期的发明家缺少硬化金属，所以他们既要制造机器本身，又要制造成形零件所需的工具。他们也缺乏我们今天常用的机械工具。即使是相对简单的机器，也需要在没有人工干预的情况下进行控制。蒸汽机的发明刺激了对机器自动化控制的需求。

　　调速器是早期用机械部件构建的模拟计算机的典型例子。詹姆斯·瓦特是第一个实用蒸汽机的发明者，他设计了一种用于控制蒸汽发动机转速的调速器，以前也使用过类似的装置。他在 1788 年发明了调速器，图 1-1 显示了瓦特调速器的操作原理。中心轴旋转并连接到蒸汽发动机的曲轴，另外两轴在顶部铰接，每一端都有一个重物，一组杠杆将重量轴连接到发动机的节流阀——重量越大，节流阀越闭合。随着中心轴（和发动机的曲轴）以更高的速度旋转，由于离心力的作用，重物升起，引起发动机节流。这种机制实现了**负反馈**，这是控制的基本原理。

　　由机械部件构造的提花织机展示了一个重要的概念，这是现代计算机概念的基础：**离散存储器**。1801 年创建的这台织布机，是为了实现自动编织织物中复杂的图案而发明的。它生产了面向巨大的大众市场的先进面料，这些以前只供给非常富有的人。如图 1-2 所示，织物由在 x 轴的纬线和在 y 轴的经线组成。织布机的梭子往复移动经线，移动名为推钩的小钩上的纬线可以使经线选择性地穿过纬线的上方或下方，并选择何时可见。图案越复杂，线移动的模式就越复杂。复杂的图案可以在每行上以不同的模式提升数百条线。提花织机将复杂图案存储在打孔卡中：卡中的孔允许推钩下降并抓住其纬线，没有孔意味着纬线在这个点不能移动。卡片不仅可以表示复杂的二维图案，而且还可以通过更换卡片来改变整个布料的图案。

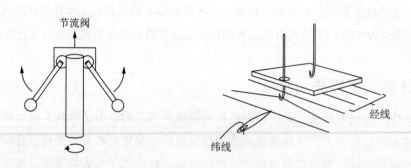

图 1-1　机械调速器图　　　　　　　　图 1-2　提花织机的操作

　　查尔斯·巴贝奇于 1822 年开始在**差分机**上计算数字，尤其是计算多项式函数。他的研究动机是因为需要函数表，手动计算容易出错且精度不如机器计算的高。这台机器的操作核心是使用齿轮计数，这个原理也应用于 20 世纪下半叶广泛使用的机械计算器。机械计数背后的基本原理简单优雅，如图 1-3 所示。我们使用一个轴，它的位置表示计数总和中的一个数字值。可以在每个轴的末端加上一个径向标记，然后围绕轴有一个带有数字的刻度盘，标记指向轴上的数字值。要建立一个两位数的计数器，我们要用齿轮连接两个轴。在图 1-3 中，小齿轮有 5 个齿，大齿轮有 15 个齿，齿轮比为 3:1。小齿轮旋转三次会使大齿轮旋转一次。大齿轮记住小齿轮围绕它转动的齿数，最多可以达到 15 次。如果我们想要以基数 10 计数，轴的齿数比就为 10:1，个位数轴的 10 次旋转导致十位数轴的一次旋转。现在，当转动个位数轴时，我们可以向上或向下计数。

巴贝奇后来继续设计了一个**分析引擎**，这成为现代计算机的基本元素，只不过它是以机械形式实现的：以打孔卡作为输入和输出（甚至有作为输出的绘图仪），一个可以执行现在所知的分支和循环的程序存储器。但他并没有完成他的差分机和分析引擎的构建。

图 1-3 使用齿轮计数

赫尔曼·霍勒瑞斯将打孔卡的想法和计数机相结合。他的制表机 [Hol88] 通过在纸卡上的各个位置打孔来记录数据，这些卡片类似于提花织机的卡片。然后，他通过机电阅读器扫描卡片，计算出不同位置的孔数。这个机器用于汇总 1890 年美国人口普查的数据。他的公司成为现代 IBM 公司的基石之一。

所有这些机器都是伟大的进步。提花织机和霍勒瑞斯的制表机使得重要任务的生产率得到了巨大的提高。但回想起来，我们可以看到使用机械设备进行计算仍有一些固有问题，这些问题最终将限制这一发展路线能走多远：

- 机械部件相对比较重，并且会产生显著的摩擦。这两个属性意味着必须消耗大量的能量使它们工作，即使用今天的纳米级电子计算机，能源也是一个主要的问题。
- 机械部件还会受到磨损，这将导致部件之间的连接发生偏离。在诸如瓦特调速器等模拟机械计算机中，控制的精度受到机器移动的精度限制；在诸如巴贝奇发动机等离散系统中，机械部件必须准确对齐，这些设备的复杂结构意味着机器中某部分的误差会影响到其他部分的误差。

1.2.2 计算理论

数学家花了几个世纪的时间来发展数学符号和理论，使它们摆脱了书面语言的不精确性。乔治·布尔引入了现在称为**布尔代数**的逻辑表达式，他制定了基本的逻辑运算法则，即与、或、非。描述逻辑函数的简单方法如图 1-4 所示的**真值表**：左边两列列举了函数可能有的参数，右边列举了每个函数的结果。布尔数学是代数，因为它的规则类似于传统的数值算法。

a	b	与 (a, b)
0	0	0
0	1	0
1	0	0
1	1	1

图 1-4　布尔真值表

在 20 世纪初，数学中的一个重要问题是计算的本质：什么函数可以计算？数学家对于这个问题有多个答案。他们的答案不仅是因为其理论很重要，而且还因为它塑造了计算机的组织结构。

第一个重要的计算理论是由普林斯顿大学的阿隆佐·邱奇（Alonzo Church）在 20 世纪 30 年代提出的。他的理论使用了名为 Lambda 项的函数来处理变量。这个理论形成了现代函数编程的基础，LISP 和 Prolog 是受到邱奇渐近计算方法启发的两种重要语言。

然而，另一种理论最终证明对设计电子计算机有更大的影响。1936 年，邱奇的学生艾伦·图灵发表了自己的计算理论，即众所周知的**图灵机**。如图 1-5 所示，它的体系结构包括几个要素：

- 无限长的磁带，可以分成单元保存离散值。
- 一个可以对单元读写的磁头并且可以在磁带上左右移动。
- 磁头有一套控制规则，根据当前所读单元里面的值，告诉它该做什么。

图灵证明他的机器相当于邱奇的 Lambda 运算——两者都可以计算相同的函数集。但存储的概念是将理论转化为机器的关键：磁带对应于计算机的内存（当然，物理机器的记忆有限），读写头对应于 CPU，头部的方向对应于程序。

图灵计算过程的理论模型与今天构建的计算机具有显著的相似性：

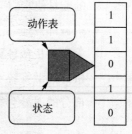

图 1-5　图灵机的结构

- 它们都是对离散值进行运算的。
- 它们都是在离散时间上进行运算的。
- 它们都在单独的内存上读取和写入值。

要点 1.1

图灵机在离散时间上对离散值进行操作。

例 1.1 从《星际迷航》中所学到的所有数学知识

在原著系列《狼的褶皱》中，实体 Redjac 控制了企业的计算机。Spock 给了计算机一个 A 类强制指令来计算 π 的最后一位数字。计算机将所有的资源用于计算，以排挤掉 Redjac。Spock 解释了他控制的基本原理："π 的值是无解的无理数。"换句话说，在计算术语中，计算 π 的过程永远不会终止。 ●

1.2.3 电子计算机

基于真空管的电子计算机的设计因第二次世界大战对科学计算的需求而蓬勃发展。约翰·阿塔纳索夫和克利福德·贝里在艾奥瓦州立大学工作时建立了图 1-6 所示的**电子计算机**。他们的机器体现了 个极其重要的设计决策：使用二进制逻辑。计算机设计中的一个关键问题是，如何使用连续物理值来表示离散值。虽然人们可以设计出处理几种离散值的电路，但他们认为最可靠的电路应采用**二进制编码**：逻辑假或 0 和逻辑真或 1。试图表示较大离散值的电路对噪声更敏感，这允许它们使用真空管放大器执行逻辑功能，它们使用负电源电压表示逻辑 0，使用正电源电压表示逻辑 1。如果一个逻辑电路在输入端接收到这些值中的一个，那么输出端电压也是这些极值之一。如果逻辑电路接收到低电压，无论是略高于负电源的电压值还是略低于正电源的电压值，放大器都会驱动它到饱和值。放大逻辑门将信号推向电源值称为**饱和逻辑**。Atanasoff-Berry 计算机使用旋转磁鼓存储数据，但它没有可写的程序存储功能。

图 1-6 Atanasoff-Berry 计算机（由艾奥瓦州立大学提供）

贝尔实验室的克劳德·香农开发了一套使用布尔代数来优化开关网络的理论，他还尝试使用开关网络进行计算。他发明了一个机电鼠标，它能使用隐藏的开关网络学习如何走迷宫。

第一个可编程电子计算机是 Colossus，由英国邮政研究所的 Tommy Flowers 建造，用于破解德国密码。二战后，计算机方面的研究得以继续并加速。物理学家约翰·冯·诺依曼在新泽西州普林斯顿大学的高级研究所尝试构建了一台数字计算机。他还提出了一个有影响力的模型，至今仍然称之为**冯·诺依曼机**。如图 1-7 所示，他的模型把机器分为两个不同的部分：**中央处理单元（CPU）**以及一个用于保存指令和数据的单独存储器。

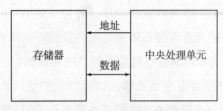

图 1-7　冯·诺依曼机结构

早期计算中的一个关键问题是如何存储数值。各种技术都曾经使用过，水银延迟线使用最广：位用输入管中的一个脉冲或者没有脉冲来表示。延迟线的作用很像我们如今所知道的移位寄存器：数据在一端输入，固定延迟后，再在另一端输出。若想读取内存中的一个特定位，需要知道存储器的当前状态，并且等待直到所需的位输出。存储超过一个延迟线周期，需要通过延迟线重新发送该位。

内存模块

磁心存储器是一个重大创新，因为它允许随机访问内存的任意位置。图 1-8 显示了 32×32 位的核心模块。一位以磁心的磁畴取向来存储。行（x）和列（y）允许对单个核进行寻址。共享感应 / 禁止线用于感应读取的结果和控制结果的写入。读是一种破坏性操作——若在读取操作期间该值被清除，则必须重写。然而，通过核的导线必须手工穿入，因此它不适合大型存储器。半导体存储器最终取代了大部分磁心存储器，因为半导体

细节

图 1-8　核心内存模块

存储器可以大量生产。

　　另一种数字化技术是模拟计算。模拟计算机在早期计算阶段有着广泛的使用，如今仍然有一些用途。1958 年的一篇文章描述了一种室内模拟计算机用于模拟 DC-8 飞机的飞行 [Pre58]，文章阐述了模拟发动机的电路安装在一个印制电路板上，并且可以通过更换电路板将不同类型的发动机安装在模拟器中。模拟计算机也可以用于音乐合成。图 1-9 所示的 Moog 合成器拥有产生和过滤信号的电路。音乐家使用旋钮调节这些电路的参数，电路可以使用跳线以不同的方式连接在一起。

图 1-9　模拟音乐合成器（由 Moog Music 公司提供）

1.3　计算机系统指标

　　计算机系统的功能必须正确运行，但这对于大多数应用程序来说是不够的——计算机必须满足与其物理特性相关的许多其他指标。计算机系统的几个最重要特征与基本物理原理直接相关：

- 性能：计算机运行有多快？
- 能量和功率：执行一次操作需要多少能量？
- 热量：计算机运行有多热？
- 可靠性：出错的频率是多少？

　　这些物理性质对于计算机用户来说是很重要的。它们对计算机系统设计师尤为重要，因为必须在理想的物理特性之间做出权衡，毕竟天下没有免费的午餐。

　　设计权衡中的一个简单例子是性能与能量。虽然门延迟不是影响处理器执行速度的唯一因素，但确实是其中一个重要因素。在给定的电路环境中，对于给定类型的门，使其运行得更快的唯一方法是消耗更多的能量。

热特性已经成为计算机设计师关注的最前沿。计算机消耗的大部分能量都通过热量消散掉了。热可能会导致灾难性的故障，正如 YouTube 上有视频显示 CPU 着火那样。但热更有可能导致一些不是那么极端严重的故障。热量会导致芯片老化，磨损更快。

可靠性是一个更微妙但极其重要的权衡。计算依赖于改变机器的物理状态——电子的能量、磁畴等，许多物理现象可能会破坏计算结果。我们可以通过在系统里使用更多的能量来减少这些干扰的影响。

这些权衡有时是在物理学领域内进行的。然而，我们有时通过其他更高层次的抽象来解决这些物理问题，例如，部分热和能量问题都由操作系统机制来处理，它可以监控热量和功率的消耗，并相应地调整系统的操作。

1.4 本书一览

本书不涉及任何特定计算机的设计，而是从其他几个抽象的层次介绍计算机的物理原理，这些原则允许我们做出特定的设计决策。深入地理解物理原理对进行设计权衡尤为重要。

在后续的章节中，我们将自下而上地研究计算物理。

- 第 2 章介绍 MOS 晶体管和集成电路。晶体管的特性是逻辑电路设计的基础，还需要了解集成电路的结构，以便理解互连等主题。
- 第 3 章使用反相器来描述逻辑门的物理原理。虽然我们在实践中使用了多个不同的逻辑门（如 NAND、NOR 等），但通过反相器，可以解释门的基本物理特性。
- 第 4 章基于对单逻辑门的讨论来理解时序机。不幸的是，门电路网络的延迟并不像计算中那样简单孤立地将门的延迟加在一起。寄存器和时钟的属性对于理解计算机系统至关重要。
- 第 5 章涉及 CPU 和计算机系统的目标。了解内存墙、电源墙、时钟分配和存储。性能、能量、热能和可靠性在系统设计中起着关键作用。
- 第 6 章介绍一些输入和输出设备。多媒体和物联网驱动了对计算机系统的巨大需求。这些领域的成功取决于 I/O 设备，如图像传感器、显示器和加速度计。
- 第 7 章着眼于新兴的计算技术，包括碳纳米管和量子计算机。
- 附录提供参考资料。附录 A 总结有用的常量和公式。附录 B 介绍电路中的一些基本概念。附录 C 描述概率论中的一些基本事实。附录 D 介绍有关设备和电路的几个高级主题。

1.5　小结

- 机械计算机用于控制机器，也用于纯粹的计算任务。
- 早期的电子计算机使用真空管，它们体积巨大、不可靠且功耗大。
- 计算机的物理设计由图灵和冯·诺依曼模型指导：独立的内存和处理器；数据和程序之间的分隔；离散值；离散时间。
- 计算机系统的物理属性是其主要特征。性能、能量、热量和可靠性都直接由计算物理决定。
- 在计算机设计中，理想的物理特性必须达到各种性能的权衡。

习题

1-1　我们可以构建图灵机的无限内存吗？有限内存对我们从图灵机上得出的结论有什么影响？

1-2　机器可以向前移动磁带，但不能向后移动。图灵完成这个功能了吗？说明原因。

1-3　将下面这些数字编码转化为无符号二进制形式，下标给出了数的进制。

（a）40_{10}　　　（b）40_8　　　（c）100_{10}　　　（d）100_8

1-4　在更高的温度下操作计算机，失败的可能性更大还是更小？说明原因。

1-5　计算机运行更快消耗能量更多吗？解释原因。

晶体管与集成电路

2.1 引言

本章集中讨论电子器件的物理性质及其最主要的体现，即集成电路。我们将首先简要介绍电子器件的历史和物理学中的一些基本概念。考虑到这一背景，本章将深入研究几个电子器件的特性，如 MOS 电容器、二极管和 MOSFET，然后再进入集成电路的学习。

2.2 电子器件和电子电路

电子器件依赖于电子的特殊性质，如电荷。电流可以很容易地建模为流体的流动。相比之下，诸如晶体管的电子器件就存在更复杂的性质和相互作用了。

第一个电子器件是用真空管制造的。这些器件由于体积、易碎性和功率消耗的限制，最终导致了它们的替代品——晶体管的发明。

2.2.1 早期的真空管器件

令人惊奇的是，在 1897 年电子被发现之前，人们就把机械计算设备转移到电子计算设备上了。电子设备的历史始于托马斯·爱迪生。爱迪生把大量精力投入到白炽灯的研究上，白炽灯通过流过一个小灯丝电流来加热它，这会导致灯丝变热并发出光，灯丝在真空中工作以减缓其恶化程度。1883 年，他尝试在灯泡内增加一个额外的板进行实验，发现它可以测量灯丝与板之间的电流，但只能在一个方向 [Edi84]。如图 2-1 所示，灯丝连接到电池上加热，而同时板连接到自己的电池上。如果电池连接到图 2-1 所示的带有极性的极板上，则会有电流流过；如果电池连接到相反的极板上，则无电流流过。后来人们将此物理现象命名为**爱迪生效应**。加热材料与电子行为之间的关系现在称为**热离子学**。

出于需要改善无线电信号探测器的目的，约翰·安布罗斯·弗莱明基于爱迪生效应发明了一个改进的设备 [Fle05]。图 2-2 所示的**弗莱明阀**是第一个二极管，其中它有两个端点板，即加热阴极板和阳极板。这是非线性器件的一种重要形式。现在我们仍然使用半导体二极管来实现各种各样的功能。

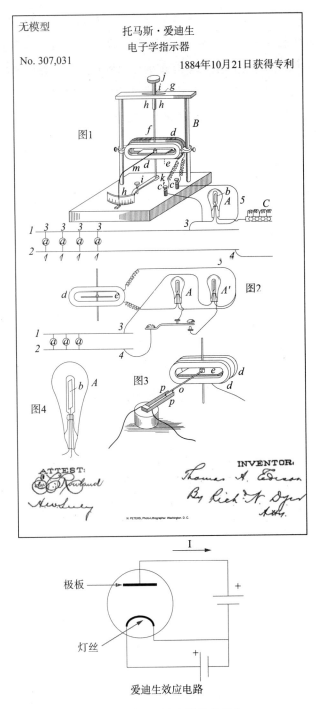

图 2-1 爱迪生效应器件的操作

2.2.2 真空三极管

李·德·福雷斯特完成了接下来的工作，发明了**真空三极管**。由于发明了一个基于三极管的放大器，所以他在 1908 年获得美国专利，专利号为 879,532。如图 2-3 所示，他的管子在阴极和阳极之间增加了一个栅极。（他添加了栅极，以避免侵犯现有专利。）栅极上的电压决定了阴极产生的电流中有多少可以到达阳极。德·福雷斯特三极管允许用另一个信号（栅极）去控制一个电信号（从阴极到阳极的电流）。这是关键的一步，使得能够建立放大器，将一个小信号以更大的比例重现。

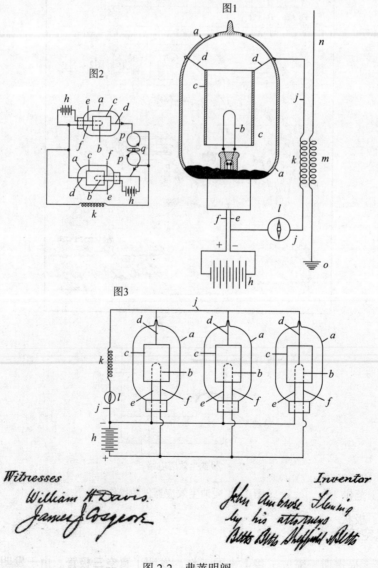

No. 803,684   专利获取时间：1905年11月7日

J. A. FLEMING.
用于将交流电流转换成连续电流的仪器
应用领域，1905年4月19日

图 2-2　弗莱明阀

No. 879,532   专利获取时间：1908年2月18日

L. DE FOREST.

空间电报

应用领域，1907年1月29日

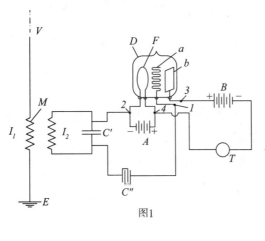

图1

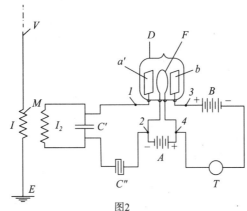

图2

图 2-3 德·福雷斯特三极管

    图 2-4 呈现了真空管特性的理想化形式。管的两个输入分别是阴极与阳极之间的极板电压 V_p 和栅极到地之间的栅极电压 V_g。输出变量是从阴极到阳极的极板电流 I_p。在给定的栅极电压范围内，通过改变栅极电压可以改变极板电流。当极板电压转换到更高值时，也增加了极板的电流。图 2-4 显示了一族曲线：每个不同的 V_g 值对应于不同的 I_p / V_p 曲线。在图中，$I_p = V_g$ 线的斜率称为**跨导** g_m。可以看到，现代 MOS 晶体管具有类似的工作曲线。

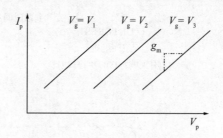

图 2-4   真空三极管的理想化特性

图 2-5 显示了真空管放大器的原理图。阴极和阳极通过电源连接以形成输出电路，从阴极到阳极的电压形成放大器的输出，还需要一个电阻，即**负载电阻**，沿着该路径将栅极电流转换为电压。输入信号施加到栅极，从栅极到地的电压形成待放大的输入。当栅极电压改变时，极板电流的变化关系如图 2-5 所示。该极板电流会引起电阻上电压的变化。由于真空管电压：

$$V_P = V_{CC} - I_P / R_L$$

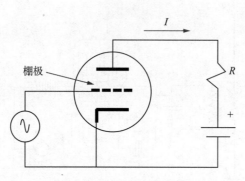

图 2-5   一个真空管放大器

真空管的输出电压随极板电流的变化而变化，而极板电流又取决于栅极电压。

无线电使用放大器来建立**线性放大器**，它可以精确地再现小信号，以更大的幅度重现原信号。早期的计算机设计人员使用非常类似的电路，建立**非线性放大器**来操作数字信号。

真空管在 20 世纪后期被大量使用，然而，它们确实有一些局限性，这最终促进了半导体器件的发明。真空管的物理尺寸导致使用这些管子制造的系统体积庞大，虽然小的管子只有拇指大小，但大功率真空管的体积要大得多。真空管还需要相对高的电压并且消耗大量的电力。但也许它们最大的局限来自于自身的易碎性。当玻璃管破裂时，灯丝是它们失效的最大来源。灯丝的物理尺寸是很小的，只有几根纱线那样的大小。当加热时，它变得特别敏感。振动或任何物理上的外力都可能会导致它们粉碎。即使没有因为环境外力作用而过早地失效，它们最终也会因为使用了较长时间而烧毁。电子电路已被证明是有用的，但是如果要使它们成为可用的设备，则需要使其更可靠。

2.3 材料物理

在研究半导体器件之前，需要了解物理学中的一些概念。我们将从金属传导模型开始。然后，将在 2.3.2 节中介绍温度的概念，其中将介绍波耳兹曼常数。2.3.3 节将介绍一些半导体材料的行为模型。

例 2.1 物理常数

常量	符号	数值
玻耳兹曼常数	k	1.38×10^{-23} J/K
电子电荷	q	1.6×10^{19} C
300K 时的热电压	kT/q	0.026 V
自由空间的介电常数	e_0	8.854×10^{-14} F/cm
硅的介电常数	e_{Si}	$11.68e_0 = 1.03 \times 10^{-12}$ F=cm
二氧化硅的介电常数	e_{ox}	$3.9e_0 = 3.45 \times 10^{-13}$ F=cm
本征硅中的载流子浓度	n_i	1.45×10^{10} C/cm³
不同状态硅的有效密度	N_c, N_v	Nc = 3.2×10^{19} cm⁻³ Nv = 1.8×10^{19} cm⁻³
300K 时硅的带隙	E_g	1.12 eV

2.3.1 金属材料

当原子（如固体中的原子）靠近在一起时，周围原子的原子核会影响每个原子的电子，其结果是电子占据**能带**。每个能带是给定的能量范围，离原子核越远，电子的能量越高。如图 2-6 所示，当原子处于最低能量（绝对零度）时，所占据的最外能带为**价带**。**导带**高于价带。具有足够能量的电子将占据导带，该电子不会被一个原子所束缚，而是可以从一个原子移动到另一个原子。

图 2-6　导体中的能量带

如图 2-7 所示，电子移动时，可能会从一个原子转移到另一个原子。这种形式的运动称为**随机游走**，特定电子运动的精确细节很难预测，速度或角度的微小变化可能随时间累积到轨道改变的大变化中。从宏观上观察到粒子在水中的布朗运动就是随机游走。

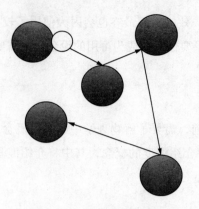

图 2-7　材料中的随机游走

电子的**迁移率**定义为电子电荷与碰撞间的平均时间之积再与电子的质量 m_e 之比 [Fey10A]:

$$m = \frac{qt}{m_e} \qquad (2.1)$$

当向金属施加电场时，电场会对电子施加一个力并影响它们的随机游走。如图 2-8 所示，电场连续给电子施加一个力，使它的轨迹每一步都有所变化。在每一次碰撞中，粒子获得一个新的轨迹和速度，但仍处于电场的作用下。我们把在电场影响下的电子移动称为**漂移**。如果碰撞之间的平均时间为 τ，电子的质量为 m_e，则**漂移速度**为：

$$v_{\text{drift}} = \varepsilon \frac{\tau}{m_e} \qquad (2.2)$$

电子上的力是由电场 ε 施加的，而电场是由加载在材料上的电压产生的：

$$\varepsilon = \frac{qV}{l} \qquad (2.3)$$

就移动性而言，可以把载流子的漂移速度表示为：

$$V_{\text{drift}} = m \frac{V}{l} \qquad (2.4)$$

现在考虑图 2-9 所示的情况。一块区域，其长度为 l，有两个面积为 A 的面。这块区域处于从一个面到另一面的电场影响下，电场强度是 V/l。假定在这块区域的长度方向上，场强恒定。载流子从一块极板到另一块极板的平均运动速度随电压梯度而降低。通过金属的电流是单位时间内通过的电荷：

$$I = qmn_i \frac{A}{l} V \qquad (2.5)$$

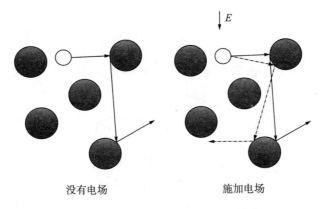

没有电场   施加电场

图 2-8   被施加电场所影响的随机游走

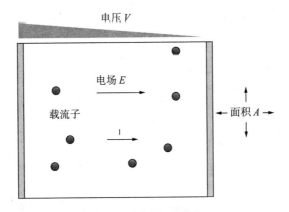

图 2-9   漂移电流模型

其中 n_i 是单位体积内的载流子数。将电阻定义为：

$$r = \frac{1}{mqn_i} \tag{2.6}$$

可以用这个电阻的定义去改写式（2.5）在传统形式的欧姆定律：$I = V/R$。

我们经常参考材料的**电阻率**而不考虑特定样品的形状。电阻率的单位为 $\Omega \cdot m$。根据电流方程可以定义电阻率为：

$$\rho = \frac{1}{\mu q^2 n_i} \tag{2.7}$$

定义**电导率** $\sigma = 1/\rho$。

电阻不仅取决于材料的性质，还取决于它的形状。如图 2-10 所示，电流沿着一块材料的长度方向流动，较长的材料使载流子有更多的机会与材料相互作用；一个横截面更大的材料为载流子提供了更大的流动空间。我们可以将一个材料的电阻率与该材料的特定形状的电阻之间的关系表示为：

$$R = \rho \frac{1}{A} \tag{2.8}$$

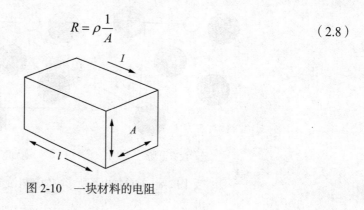

图 2-10　一块材料的电阻

要点 2.1

$R = \rho \dfrac{1}{A}$

2.3.2　玻耳兹曼常数与温度

多数关于电子行为的基础理论均来源于气体理论（Fey10A）。有一个基本物理常数是**玻耳兹曼常数**，称为 k（有时写成 k_T），它将温度与能量联系起来。

电子能量的基本模型来源于气体的行为。气瓶内气体压力随高度而变化，气瓶底端承受的压力更大。气体分子的密度 n 与气瓶高度 h 的函数关系为：

$$\frac{dn}{dh} = \frac{mg}{KT} n \tag{2.9}$$

求解这个微分方程，得出了粒子的密度作为一个关于高度的指数函数：

$$n(h) = n_0 e^{-mgh/KT} \tag{2.10}$$

这种分布的指数形式是基本的形式，将会在方程中反复出现。

要点 2.2

许多物理现象具有这样的形式：$e^{能量/KT}$。

理想气体定律与气体的压强 P、体积 V 和气体的温度 T 有关：

$$PV = NkT \tag{2.11}$$

在这个公式中，N 是气体分子的数目。玻耳兹曼常数定义为：

$$k = \frac{R}{N_A} \qquad (2.12)$$

式中，N_A 为阿伏伽德罗常数（$N_A = 6.02 \times 10^{23}$，每摩尔的分子数目）；$R$ 是单位温度下每摩尔的能量。

温度是分子动能的度量。可以用图 2-11 所示的系统来理解温度的特性，两个腔室由可移动的活塞分开，每个温度腔室包含一种气体，两种气体成分不需要是相同的，所以它们的分子可能有不同的质量。然而，如果两个腔室中分子的平均动能相等，我们就说它们的温度相同。因为活塞两侧施加的力是相同的，所以它不会移动。利用玻耳兹曼常数来定义绝对温度为：

$$平均分子动能 = \frac{3}{2}kT \qquad (2.13)$$

这里的 3/2 为来自于 3 个自由度的分子运动，每个分子运动贡献 1/2。

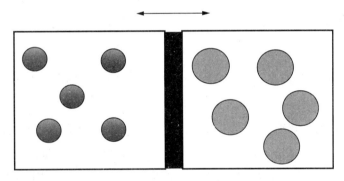

图 2-11　由可移动活塞分开的两种气体，作为温度的一个例子

贯穿本书的玻耳兹曼常数在物理现象中起着关键作用：

- 它描述了在给定能级上可用的电子数量，这决定了电流的性质。
- 电子的能量分布不仅决定了有效计算的可用电流，也反映了浪费的能量和产生热量的泄漏电流。
- 它提供了作为温度函数的材料属性的关系。我们将看到，热量的产生和传输在小规模和大规模计算系统中，都扮演了关键的角色。

2.3.3　半导体材料

晶体管可以用**固体物理学**来理解——研究固态物质的行为。虽然气体的许多有用的特性可以不通过量子力学来分析，但半导体的特性只能通过量子力学概念来理解。

　　硅是**半导体家族**中的一种（锗是另外一种），它为我们提供了重要的特性。与金属的价带和导带重叠不同，半导体的导带和价带不重叠，如图 2-12 所示。这种**带隙**意味着半导体中的电子需要比金属中的电子需要更多的能量，才能获得导电性。

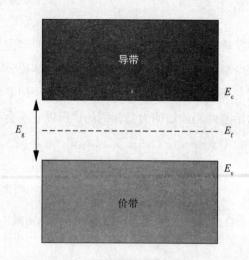

图 2-12　半导体中的导带和价带

　　在绝对零度（0K）时，导带是空的。当材料被加热时，电子开始移动到导带。对于一个电子而言，从价带跳到导带，它必须有至少大于**间隙能量** E_g 的足够多的能量，即导带底部与价带顶部之间的能量差。硅的带隙为 1.12eV（1 eV 是一个电子在 1V 电位差时的能量）。室温时，热能 $KT = 0.026eV$，大约为 1/40 的带隙值。用 300K 作为一个易于操作的室内温度值，在这个室温值，大量的电子有足够多的能量提升至导带并传导电流。然而，一个电子提升到导带需要很多的能量，这意味着半导体不像金属那样有非常多的电子可用于传导，因此，半导体有更高的电阻率。

　　能带结构的基本参数之一是**费米能级** E_f，它是材料中电子的中间能级。如图 2-12 所示，在 300K 时，本征硅的费米能级在导带和价带之间，这里不存在电子，但有 0.5 的概率分布。电子的数量——对于一个给定能级上的电子数量——由费米 – 狄拉克统计得到 [Tau98]：

$$f(E) = \frac{1}{1 - e^{(E - E_f)/kT}} \tag{2.14}$$

　　这个公式是麦克斯韦 – 玻耳兹曼统计的基于温度分析的修正版，其基本假设对于电子而言是无效的。泡利不相容原理规定，没有两个电子可以在同一时间占据同一状态。

　　我们经常讨论能级与电动势可以互换。电荷的静电动势与能级有关：

$$\psi = \frac{E}{q} \quad\quad (2.15)$$

半导体带隙除了使材料导电性小外，还起了许多其他的作用。事实上，这种带隙使我们能够控制和操纵载流子的属性。当电子获得足够多的能量进入导带时，电子就起到了载流子的作用。此外，原子的电子结构中的空位也起着载流子的作用，那个载流子称为**空穴**。虽然它是由于一个电子的缺失而存在的，但它的表现就像一个带有正电荷的粒子。一个原子中的空位可以转移到相邻原子上，从而使空穴移动。半导体提供两种导电粒子的事实，为它们的使用开辟了新的可能性。半导体的导电性虽然不如金属那么高，但却足以使空穴和电子在实际中得到应用。

天然半导体具有相等数量的空穴和电子。如果 Nc 是导带中能级的有效态密度，则电子数为 [Tau98]：

$$n = N_\mathrm{c} \mathrm{e}^{-(E_\mathrm{c} - E_\mathrm{f})/kT} \quad\quad (2.16)$$

类似地，价带中能级的有效态密度为：

$$p = N_\mathrm{v} \mathrm{e}^{-(E_\mathrm{v} - E_\mathrm{f})/kT} \quad\quad (2.17)$$

值得注意的是，对于电子而言，E_c 高于 E_f，而价带能量 E_v 低于 E_f，这导致公式的形式略有不同。纯硅称为本征硅（原因清晰明了），这时的本征载流子浓度为 n_i。

未掺杂的硅称之为**本征**材料。正是因为本征半导体中空穴和电子的数量是平衡的，所以它提供了一个非常有限的选择范围。但是可以通过**掺杂**杂质来改变材料中两种载流子的比例。像硅这样的半导体位于元素周期表的第四列，它的价带中有 4 个电子。砷在价带中拥有 5 个电子，它位于元素周期表的第五列。当硅掺杂一种多子材料后，额外的电子被添加从而没有相应的空穴，这会创建一个 N 型材料。第五列材料称为**多子材料**，因为它们贡献了额外的电子。相比之下，硼是一个价带中只有 3 个电子的第三列的材料的例子。当某些硅原子被硼取代时，**受主**掺杂产生空穴而没有匹配电子，这会形成 P 型材料，第三列材料称为**少子材料**。在晶体硅中添加掺杂剂是不容易的，使用诸如离子注入枪之类的技术，将硅材料加热到极高温度或发射掺杂剂以实现掺杂。但需要对材料的性能进行非常精细的控制：需要添加到小区域，过量载流子的浓度取决于加入到硅中的掺杂量。掺杂硅称为**非晶硅**。

掺杂影响材料的能带结构和材料中的载流子分布。我们可以描述掺杂的载流子浓度。如果 N_d 是多子材料的原子浓度，N_a 是少子材料的原子浓度，那么就可以写出空穴和电子的浓度：

$$n = N_d e^{-(E_d - E_f)/kT} \tag{2.18}$$

$$p = N_a e^{-(E_f - E_a)/kT} \tag{2.19}$$

掺杂移动费米能级：N 型材料具有较高的费米能级，而 P 型材料具有较低的费米能级。本征硅的费米电位为 Ψ_i。不能直接引用掺杂材料的费米电位，可以使用 Ψ_B 表示掺杂费米能级差，与 Ψ_i 表示如下：

$$\psi_B = |\psi_f - \psi_i| = \frac{kT}{q} \ln \frac{N_a}{n_i} \tag{2.20}$$

$$= \frac{kT}{q} \ln \frac{N_d}{n_i} \tag{2.21}$$

这两种形式分别包含了少子材料和多子材料的掺杂情况。

有时计算电子和空穴分别占用 0.5 时的能级，这些值称为**准费米能级**或 imrefs（费米的反向拼写）。imrefs[Sze81] 描述为：

$$\phi_n = \psi - \frac{kT}{q} \ln\left(\frac{n}{n_i}\right) \tag{2.22}$$

$$\phi_p = \psi - \frac{kT}{q} \ln\left(\frac{p}{p_i}\right) \tag{2.23}$$

其中 Ψ 是本征级。在平衡状态下，整个材料的准费米能级是相同的。但是当材料处于非平衡状态时，如施加电压，准费米能级在材料的不同点可能会有所不同。

当材料处于平衡状态时，np 为常数：

$$np = n_i^2 = N_c N_v e^{-(E_c - E_v)/kT} = N_c N_v e^{-E_g/kT} \tag{2.24}$$

这个公式只依赖于带隙能，不受掺杂的影响，可以利用这种关系来找到掺杂材料的载流子浓度。如果 N_d 是 N 型材料中多子原子的浓度，那么：

$$n = \frac{n_i^2}{N_a} \tag{2.25}$$

类似地，若 N_a 是 P 型材料中少子原子的浓度，那么：

$$n = \frac{n_i^2}{N_a} \tag{2.26}$$

半导体中的电流可以来自**扩散**和**漂移**两种机制的结合。总电流也是 N 和 P 电流的总和，其中每个都有一个扩散和漂移分量。

　　在低端应用领域中，漂移速度的分析类似于 2.3.1 节中对于金属中电流的分析。然而，由于各种量子力学效应，在半导体中流动性的测定比在一般金属中更复杂。空穴和电子具有不同的迁移率，其中空穴的迁移率较低。

　　扩散电流来自粒子浓度的变化。如图 2-13 所示，如果有一个开放的区域，其中刚开始时右边比左边有更多的粒子，那么粒子将会从高密度侧向低密度侧净流动。即使每个粒子都有可能向各个方向移动，高密度侧的粒子则更多地反弹到低密度侧，而不是与之相反。净电流密度（单位截面面积的电流）取决于空穴和电子的数量差异和它们的平均速度：

$$J_{\text{diff}} = q(n-p)v \tag{2.27}$$

在 x 轴方向，净电流为 [Tau98]：

$$J_{\text{n,diff}} = qD_{\text{n}}\frac{\mathrm{d}n}{\mathrm{d}x} \tag{2.28}$$

$$J_{\text{p,diff}} = qD_{\text{p}}\frac{\mathrm{d}p}{\mathrm{d}x} \tag{2.29}$$

载流子的扩散系数与它们在爱因斯坦关系中的迁移率有关 [Sze81]：

$$D_{\text{n}} = \mu_{\text{n}}\frac{kT}{q} \tag{2.30}$$

$$D_{\text{p}} = \mu_{\text{p}}\frac{kT}{q} \tag{2.31}$$

对于电子而言，漂移和扩散是联系在一起的，因为电子是带电粒子。

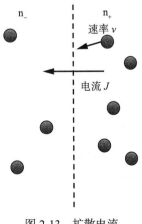

图 2-13　扩散电流

2.4   固态器件

晶体管的发明为推动电子学革命提供了器件。贝尔实验室的科学家们决定研究半导体作为真空管的替代品 [Smi85]，这一努力的结果是双重的。首先，固态物理学领域的创立为理解半导体的行为奠定了基础，威廉·肖克利为这一理论做出了关键性的贡献，包括早期识别场效应作为放大的可能机制。其次，晶体管的发明解决了真空三极管的问题。约翰·巴丁和沃尔特·布拉顿发明了第一个实用的器件——点接触型晶体管 [Bar50]，在 1947 年的平安夜，他们把它成功地应用于振荡器电路中。第一个晶体管如图 2-14 所示。由于他们的科研成果 [Nob56]，3 个人共同获得了 1956 年的诺贝尔物理学奖。现代计算机使用不同的 MOSFET 器件，但它仍然依赖于由巴丁、布拉顿和肖克利发现的基本的物理原理。

图 2-14   第一个晶体管（资料由 Alcutel-Lucent 提供）

本节将讨论 3 种类型的器件：半导体二极管、MOS 电容器和 MOSFET。

2.4.1   半导体二极管

半导体二极管也有自己的用途，关于它的分析给予了 MOSFET 一些有用的概念。MOSFET 管与真空管有相似之处，但真空管源于爱迪生效应管和弗莱明阀。

如图 2-15 所示，一个半导体二极管是由放在一起的两种不同掺杂方式的硅片构成的，一个 N 型和一个 P 型 [Sze81]。N 和 P 区之间的区域称为结或 PN 结。这个结的性质产生了使导电电流只朝一个方向流动的二极管效应。

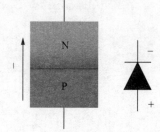

图 2-15   半导体二极管的结构和原理图符号

图 2-16 显示了 PN 结的能带结构。在整个材料中费米能级是恒定的，但作为对该区域两侧不同数量的正电荷和负电荷的响应，导带和价带是有弯曲的。在 P 型材料侧，因为在更高的级别上有较少的电子，所以导带和价带的边界往上移动；而在 N 型材料侧，由于导带中有更多数量的电子，所以能带往下弯曲。图 2-16 也显示了一个结周围的**耗尽区**。在边界附近，每种类型的载流子扩散到对面的区域。扩散电动势称为**内建电动势** [Sze81]：

$$V_{bi} = \frac{kT}{q} \ln \frac{N_a N_d}{n_i^2} \tag{2.32}$$

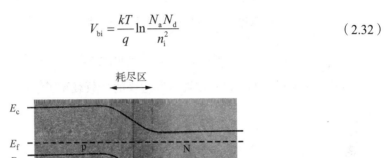

图 2-16　PN 结的能带结构

当向结施加一个电压时，会改变导带和价带的能级。从 P 到 N 的正向电压（**正向偏置**）使 P 型区域有了更多的空穴，然后向 N 型区域移动，并通过二极管产生电流。当从 P 到 N 加上负电压（**反向偏置**）时会在 P 型区域上扫出空穴，这时产生一个非常小的相反方向的电流。

如图 2-17 所示，向二极管施加外部偏置电压可以移动能带结构。正向偏置时，N 型导带更接近于 P 型导带，从而允许更多的电流流过。反向偏置使 N 型导带远离 P 型区域的导带，这增加载流子的能量势垒，并减小了电流。在这种非平衡条件下，P 型和 N 型材料的准费米能级是不相同的，耗尽区作为两者之间的过渡区域。

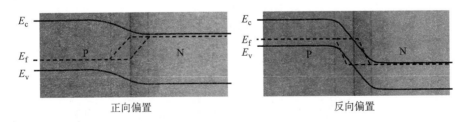

图 2-17　向二极管施加偏置电压的影响

合并后的 N 和 P 电流密度 $J = J_n + J_p$ 同时包含漂移和扩散两部分。我们可以看到式（2.5）中的漂移项的形式（归一化区域以获得电流的电流密度）和式（2.28）和（2.29）

中的扩散电流。电子和空穴电流密度为这两部分之和 [Tau98]：

$$J_n = qn\mu_n\varepsilon + qD_n\frac{\mathrm{d}n}{\mathrm{d}x} \tag{2.33}$$

$$J_p = qn\mu_p\varepsilon + qD_p\frac{\mathrm{d}p}{\mathrm{d}x} \tag{2.34}$$

电流密度表达式（2.33）及式（2.34）提供了一组确定电流的条件。我们需要知道载流子浓度以决定扩散电流。施加的电压 [Sze81] 为：

$$V = \phi_p - \phi_n \tag{2.35}$$

费米关系使得我们可以写出耗尽区边缘的少数载流子浓度（P 型区的 N 浓度，N 型区的 P 浓度）：

$$n_p = n_{p0}\mathrm{e}^{qV/kT} \tag{2.36}$$

$$p_n = p_{n0}\mathrm{e}^{qV/kT} \tag{2.37}$$

式中，n_{p0} 和 p_{n0} 是平衡时的载流子浓度。这些关系形成了耗尽区的载流子分布的边界条件。

一些电子和空穴会重新结合。因为一个空穴刚好与一个电子结合，电子与空穴的结合率是相等的，因而可以表达 N 和 P 之间的电流关系。

守恒原理给出了少数载流子的连续性方程。对于 P 型区的电子而言，电子浓度的变化率是一个关于时间的函数，它取决于空间上的电流密度梯度、电子复合率 R_n 和电子产生率 G_n。电子和空穴这些少数载流子的连续性方程可以写成 [Tau98]：

$$\frac{\mathrm{d}n}{\mathrm{d}t} = \frac{1}{q}\frac{\mathrm{d}J_n}{\mathrm{d}x} - R_n + G_n \tag{2.38}$$

$$\frac{\mathrm{d}p}{\mathrm{d}t} = \frac{1}{q}\frac{\mathrm{d}J_p}{\mathrm{d}x} - R_p + G_p \tag{2.39}$$

可以定义这些载流子的**生存时间**为：

$$\tau_n = \frac{n - n_0}{R_n - G_n} \tag{2.40}$$

$$\tau_p = \frac{p - p_0}{R_p - G_p} \tag{2.41}$$

式中，n_0 和 p_0 是在热平衡时的载流子浓度。

可以将电流密度方程式（2.33）和式（2.34）代入连续性方程：

$$\frac{\mathrm{d}n}{\mathrm{d}t} = n\mu_n\frac{\mathrm{d}\varepsilon}{\mathrm{d}x} + \mu_n\varepsilon\frac{\mathrm{d}n}{\mathrm{d}x} + D_n\frac{\mathrm{d}^2n}{\mathrm{d}x^2} - \frac{n_p - n_{p0}}{\tau_n} \qquad (2.42)$$

$$\frac{\mathrm{d}p}{\mathrm{d}t} = p\mu_p\frac{\mathrm{d}\varepsilon}{\mathrm{d}x} + \mu_p\varepsilon\frac{\mathrm{d}p}{\mathrm{d}x} + D_n\frac{\mathrm{d}^2p}{\mathrm{d}x^2} - \frac{p_n - p_{n0}}{\tau_p} \qquad (2.43)$$

在一些简化条件下，这些关系可以写成 [Sze81]：

$$\frac{\mathrm{d}^2n_p}{\mathrm{d}x^2} - \frac{n_p - n_{p0}}{D_n\tau_n} = 0 \qquad (2.44)$$

$$\frac{\mathrm{d}^2p_n}{\mathrm{d}x^2} - \frac{p_n - p_{n0}}{D_p\tau_p} = 0 \qquad (2.45)$$

结合由式（2.36）和式（2.37）给出的边界条件，可以得到二极管电流密度的**肖克利方程**：

$$J = J_0\left(\mathrm{e}^{qV/KT} - 1\right) \qquad (2.46)$$

$$J_0 = \frac{qD_n n_{p0}}{L_n} + \frac{qD_p p_{n0}}{L_p} \qquad (2.47)$$

其中 $L_n = \sqrt{D_n\tau_n}$，$L_p = \sqrt{D_p\tau_p}$。肖克利方程包含了正向偏置和反向偏置。

图 2-18 显示了二极管的电流 – 电压曲线，这个曲线通常称为**伏安曲线**。在正向偏置时，电流成指数增加。在反向偏压下，指数项趋于零，反向电流渐近趋向于一个很小的负值。

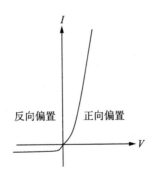

图 2-18　二极管的电流 – 电压特性

2.4.2　MOS 电容器

MOS **电容器**本身有其他的用途，这将在第 5 章进行介绍。此外，它也是 MOS 晶体管的一个重要组成部分，是**静电器件**的一个实例。MOS 是 Metal-Oxide Semiconductor

的首字母缩略词，即**金属氧化物半导体**，指将绝缘体夹在两个导体之间的用于构建电容的一种结构。MOS 这个词甚至也适用于由任何材料制成的且能替换金属极板的结构，例如，多晶硅就常用于制造 MOS 电容器。

如图 2-19 所示，此结构是一个经典的电容器结构，它由绝缘体将两平行板 [Tau98] 分隔开。我们把底板作为**衬底**，因为它由底层的硅形成；至于顶板，无论是金属还是硅，都将覆盖在二氧化硅（SiO$_2$）表层上。二氧化硅是玻璃，同时它也是窗户使用的基本材料。当在两个极板上施加电压时，根据电压的极性，在一个极板上或另一个极板上会有相反极性的电荷。

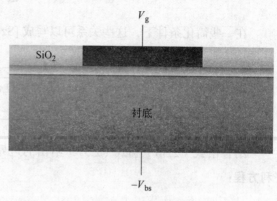

图 2-19　电容器结构

使用变量 C_{ox} 作为单位面积的电容，C 为给定区域内一对极板间的电容。

MOS 电容器的平行板电容的计算方法，与传统电容器的电容计算方式相同：

$$C_{ox} = \frac{\varepsilon_{ox}}{t_{ox}} \tag{2.48}$$

式中，ε_{ox} 代表二氧化硅介电常数，t_{ox} 指氧化层的厚度。平行板电容值与氧化层厚度成反比。可以看到，这种电容同时隐含地混合了逻辑门：增加负载的同时也增加了晶体管电流。

要点 2.3

MOS 氧化物电容与氧化物厚度成反比。

例 2.2 MOS 电容值

假设电容器的尺寸为 $L = 32\text{nm}$、$W = 64\text{nm}$，这种非正方形的电容器在现代制造业中是很常见的。

如果氧化层厚度为 1.65nm，那么考虑到电容器极板的面积，其电容值为：

$$C = WL\frac{\varepsilon_{ox}}{t_{ox}} = \left(32 \times 10^{-7}\,\text{cm}\right)\left(64 \times 10^{-7}\,\text{cm}\right)\left(\frac{3.45 \times 10^{-13}\,\text{F/cm}}{1.65 \times 10^{-7}\,\text{cm}}\right)$$

$$= 4.3 \times 10^{-7}\,\text{F} = 0.043\text{fF}$$

例2.3 MOS 电容技术的发展趋势

下表给出了在不同工艺中 MOS 相关参数的典型值 [PTM15]：

工艺（nm）	t_{ox}（nm）	C_{ox}（F/cm²）
130	2.25	1.53×10^{-6}
90	2.05	1.68×10^{-6}
65	1.85	1.86×10^{-6}
45	1.75	1.97×10^{-6}
32	1.65	2.09×10^{-6}
20	1.4	2.46×10^{-6}
16	1.35	2.56×10^{-6}
10	1.2	2.88×10^{-6}
7	1.15	3.00×10^{-6}

MOS 电容器的行为较传统经典电容器复杂得多，这是因为在衬底中存在空穴和电子。图 2-20 显示了在顶板的 P 型材料上施加电压时会发生的现象。（如果用 N 型材料作为衬底，电压极性必能反转，空穴和电子的作用也将发生切换，但相同的基本现象依然会发生。）在零电压状态，即**平带电压**状态时，电子和空穴以正常浓度一直蔓延到绝缘体边缘。当施加正电压时，导带和价带相对于费米能级弯曲，这反映出电子在极板边缘被排斥，而空穴则有被吸引到边缘的变化态势。我们把中等电压下载流子浓度的这种适度变化称为**耗尽**——大多数 N 型载流子在极板边界附近已经耗尽。随着进一步增加电压，能带进一步弯曲。在某种程度上，在无偏材料中属于少数的 P 型载流子，现在与零电压时的电子浓度相同。这种情况称为**反转**，因为这两种类型的载流子粒子数已被倒置。反转层是非常薄的，不到 50Å（$1Å = 10^{-10}$m）。应注意的是，在距极板较远的区域，载流子处于正常分布状态。但在极板边界处，可通过施加电压，控制哪种类型的载流子用于传导。利用此种方法在 MOS 晶体管中进行选择 N 型或 P 型载流子。

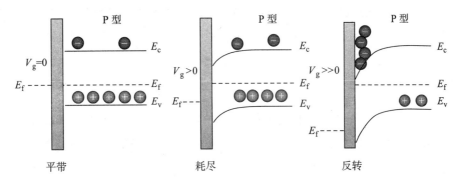

图 2-20　MOS 电容器原理

电荷分布的变化会引起电势的变化，电势 $\Psi(x)$ 是电荷到表面距离 x 的函数，电势描述了作为位置函数的能带弯曲。称 $\Psi(0) = \Psi_S$ 为**表面电位**。无穷远处的电位值势能为 $\Psi(\infty) = 0$。在 P 型材料中的电子，少数载流子的密度作为深度的函数是：

$$n(x) = \frac{n_i^2}{N_a} e^{q\psi(x)/kT} \tag{2.49}$$

该表达式表明载流子浓度是电压的指数函数。

电势阈值是在该载流子被**反转**时的电势。可以用几种不同的方式量化反转的意义，但反转的标准准则是，少数载流子的浓度等于掺杂浓度，如将电子作为少数载流子时，有 $n_{inv}(0) = N_a$。这个准则意味着在表面上少数载流子的浓度等于耗尽电荷密度。用 $n_{inv}(0) = N_a$ 代入式（2.49），得到的表达式可以求出 P 型材料中电子的电势阈值：

$$\psi_{s,inv} = 2\psi_B = 2\frac{kT}{q}\ln\frac{N_a}{n_i} \tag{2.50}$$

要点 2.4

MOS 电容器反转状态时，少数载流子的密度是表面电势的指数函数。

氧化物中的缺陷会损害电容器的工作。硅和二氧化硅层边界上存在的缺陷会限制部分载流子，从而降低可用于反转的载流子数目。陷于氧化物之中的电荷必须摆脱这种限制实现反转，从而提高阈值电压。研究 MOS 晶体管的最关键挑战，是制造纯度极高的氧化物。

现在有一种结构，可以用来自另外一个信号的电压，控制器件中某一部分的载流子浓度。

2.4.3 MOSFET 的基本操作

在计算机设计制造中，最常用的晶体管是 **MOS 场效应晶体管**，也可将之称为 MOSFET。场效应晶体管一词的含义是指，使用电压产生的电场来控制电流而实现器件操作。1959 年，第一个 MOSFET 在贝尔实验室被 Dahwon Kahng 和 Martin Atallah 等人制作出来 [Ata60；kah63；kah76]。

图 2-21 和图 2-22 分别是晶体管的侧视图和顶视图。从侧视图中可以看出，晶体管由我们已经学习的两种结构组合而构成：MOS 电容器和二极管。电容器氧化层下面的区域称为**沟道**，这里就是晶体管操作变化的地方。沟道两端的区域称为**源极和漏极**。实际上，可以制造两种类型的晶体管：如果源极和漏极都是 N 型，那就是一个 **N 型晶体管**，

其命名来源于少数载流子；如果源极和漏极掺杂为 P 型，那么晶体管就是 **P 型晶体管**。（晶体管类型更具体地说是指沟道中的少数载流子的类型，它与源极和漏极的掺杂相同。）同时，从图 2-21 中还可看出整个晶体管中的能带分布。顶视图显示了晶体管的两个重要的物理测量方法，即**长度**和**宽度**。两者都是相对于电流方向进行测量的。晶体管的其他许多物理参数，如氧化层厚度，视生产过程而定。然而，晶体管的长度和宽度，可以由电路设计人员选择，以优化电路的性能，作为关键的调节参数，它们可用于优化和改善逻辑延迟和能量消耗。图 2-23 所示为 N 型和 P 型晶体管的原理图元件符号。通过此图也可

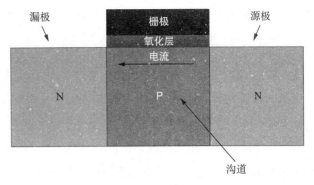

图 2-21   N 型 MOS 晶体管的侧视图

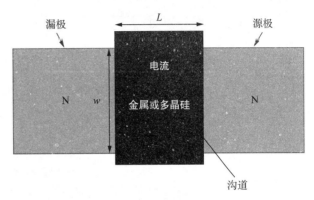

图 2-22   N 型 MOS 晶体管的顶视图

看出主要的电压和电流参数：I_d 是漏极到源极的电流，V_{ds} 是漏极到源极的电压，V_{gs} 是栅极到衬底的电压。

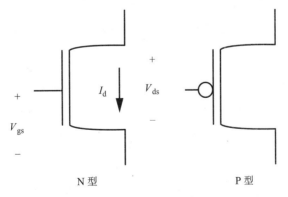

图 2-23   晶体管的符号及其相关的电压和电流

    MOSFET 伏安特性的一个简单模型就足以满足大部分需求。我们将集中研究为早期 MOSFET 开发的长沟道模型。该模型假定，除去其他因素，这个沟道的长度比 PN 结耗尽区的长度更长。这个假设和许多其他相关假设对现代纳米器件来说并不适用。现代晶

体管需要更复杂的模型，这些只能通过数值求解。

如图 2-24 所示，通过晶体管沟道的电流 I_d 依赖于 V_{ds} 和 V_{gs}，其中 V_{ds} 和 V_{gs} 是自变量，而 I_d 是因变量。图 2-26 所示的曲线显示了漏极电流 I_d 随漏极到源极电压 V_{ds} 的变化情况，栅极到衬底电压 V_{gs} 作为附加的变量。如果低于**阈值电压** V_t，则假设没有漏极电流（随后将重新审视这种简化）。对于一个给定的 V_{gs}，电流首先会随着漏 – 源电压增加，这称之为**线性区**，虽然电流曲线并不呈现线性。当 V_{ds} 达到一定值后，器件进入**饱和区**，漏极电流变平。V_{gs} 决定饱和电流值和线性区域中电流增长的斜率。

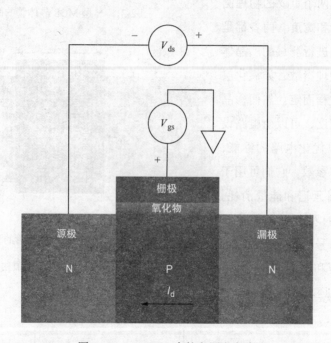

图 2-24　MOSFET 中的电压和电流

图 2-25 展示了没有施加电压时 N 型 MOSFET 的能带构造。沟道中较高的能带形成一道能量势垒，阻止电子从漏极进入沟道。V_{ds} 和 V_{gs} 能改变能带，正的 V_{gs} 降低沟道中靠近表面的能带；正的 V_{ds} 减少漏极上的能带。这两种情况都降低了能量势垒，帮助电子流过器件。

MOSFET 的伏安曲线如图 2-26 所示。这里需要一个曲线族来显示每个栅极电压的值。这些曲线中的每条都分为两个区域：**线性区**和**饱和区**。在线性区域，漏极电流（大致）在漏极 / 源极电压呈线性。在饱和区，漏极电流与漏极 / 源极电压无关。

通过推导晶体管方程，可以更加深刻地理解晶体管的物理特性 [Sze81]。本章将集中研究 N 型器件，P 型器件方程的形式与之类似。

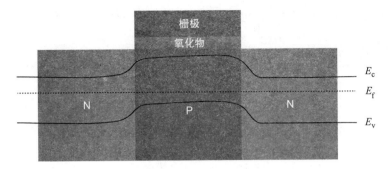

图 2-25 N 型 MOSFET 的能带

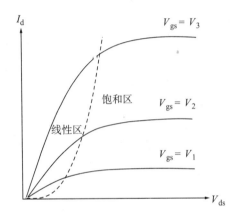

图 2-26 MOSFET 的伏安曲线

用 μ_n 和 μ_p 分别表示 N 型和 P 型载流子的迁移率。需注意的是，沟道中载流子的迁移率比块状硅中载流子迁移率低很多。例如，在 300K 时硅的漂移迁移率是 $\mu_n = 1.05 \times 10^3 cm^2/V \cdot s$ [Sze81，第 29 页]。随着漏 – 源电压的增加，反转层的迁移率将会降低；在 25℃时，它的值从场强为 $1 \times 10^5 V/cm^2$ 情况下高达 $800cm^2/ V \cdot s$ 降低到场强为 $1 \times 10^5 V/cm^2$ 时的 $400cm^2/ V \cdot s$。

这个 MOSFET 的简单模型是基于欧姆电阻的，以及外加栅极电压调制载流子浓度而对电阻产生的附加影响。晶体管沟道的电导率作为深度 x 的函数与电荷密度和迁移率有关：

$$\sigma(x) = qn(x) \, \mu_n(x) \qquad (2.51)$$

如果假设在沟道上迁移率是恒定的，那么可以通过将电导率对深度进行积分，计算出沟道电导 g：

$$g = q\mu_n \frac{W}{L} \int_0^{x_i} n(x) \, dx = q\mu_n |Q_n| \frac{W}{L} \qquad (2.52)$$

式中 $|Q_n|$ 是沟道垂直切片的总电荷，W 和 L 是沟道的宽度和长度。

沟道水平切面的增量电阻 dy 是：

$$dR = \frac{dy}{gL} = \frac{dy}{W\mu_n |Q_n(y)|} \tag{2.53}$$

该区域的电压降是：

$$dV = I_d dR = \frac{I_d dy}{W\mu_n |Q_n(y)|} \tag{2.54}$$

要计算电流，就需要知道电荷。在分析 MOS 电容器的阈值电压时，我们只关心表面电荷，因为只对表面电荷发生反转时的情况感兴趣。为了理解 MOSFET 中的电流，必须同时考虑表面电荷和体硅中的电荷。

如果进行几个简单的假设（不考虑界面受限电荷、固定电荷、纯漂移电流等），那么可以推导出一个相对简单的电流求解方程。Ψ_s 是开始操作时强反转区的表面电位，它的近似值为 $\Psi_s = V_D + 2\Psi_B$。

MOS 电容器的栅极吸引电荷，使之靠近极板。一些电荷进入反转层，而一些电荷则深入到体硅中。电容器的基本关系定义了总电荷。栅极电容由 G_g 表示，这也是电路设计中常用的表示，同时也要记住 $G_g = G_{ox}$。反转层电荷是总电荷与体硅电荷之差：

$$Q_n(y) = Q_s(y) - Q_b(y) = -\left[V_G - V(y) - 2\psi_B\right]C_g + \sqrt{2\varepsilon_{si}qN_A[V(y) + 2\psi_B]} \tag{2.55}$$

使用这种方法能更为全面地计算沟道电荷。在分析 MOS 电容器的阈值电压时，需完全根据 $x = 0$ 处的电荷作为标准。在 MOSFET 中，沟道电流包含的少数载流子并不完全精确地位于界面处。式（2.55）将所有进入漏极电流中的电荷均考虑在内。

在电压 [0，V_{ds}] 和沟道位置 [0，L] 上对式（2.54）进行积分，可以求出电流的通用表达式：

$$W\mu_n \int_0^{V_{ds}} |Q(n)| dV = I_{ds} \int_0^L dy \tag{2.56}$$

$$W\mu_n \int_0^{V_{ds}} \left\{ \left[V_G - V(y) - 2\psi_B\right]C_g + \sqrt{2\varepsilon_{si}qN_A\left[V(y) + 2\psi_B\right]} \right\} dV = I_{ds}L \tag{2.57}$$

可以用这种形式写出电流方程，由于电荷守恒，所以通过沟道中的电流 I_{ds} 是恒定的。然而，随着距离的不同，通过沟道的漏–源电压也会发生变化：在源极，栅极电压为 0；在漏极电压为 V_{ds}。其结果如下：

$$I_{ds} = \frac{W}{L} \mu_n C_g \left\{ \left(V_{gs} - 2\psi_B - \frac{1}{2}V_{ds} \right) V_{ds} - \frac{2}{3} \frac{\sqrt{\varepsilon_{si}qN_A / \psi_B}}{C_g} \left[\left(V_{ds} + 2\psi_B \right)^{3/2} - \left(2\psi_B \right)^{3/2} \right] \right\} \quad (2.58)$$

这个电荷方程适用于引起强反转的所有电压。可以考虑两种情况将它进行简化：利用小的漏 – 源电压 V_{ds} 和大的漏 – 源电压 V_{ds}。在利用小的漏 – 源电压 V_{ds} 时，可以确定阈值电压 V_t 的公式，见文献 [Tau98]。

阈值电压由两部分组成：式（2.50）中的反转电荷部分和体硅电荷分项：

$$_{tn} = 2 \quad _B + \frac{\sqrt{2\varepsilon_{si}qN_a \left(2\psi_B \right)}}{C_{ox}} = 2\frac{kT}{q}\ln \frac{}{n_i} + \frac{\sqrt{2\varepsilon_{si}qN_a \left(2\psi_B \right)}}{C_{ox}} \quad (2.59)$$

注意，阈值电压与栅极电容值成反比。低于阈值电压时，假设此模型的栅极将不能导通。对 MOS 电容器的讨论解释了截止区的存在理由——沟道中载流子还没有反转的数量。

将它代回到式（2.58）并且当 V_D 较小时进行简化，可以得到线性区的电流为：

$$I_d = k' \frac{W}{L} \left[\left(V_{gs} - V_t \right) V_{ds} - \frac{1}{2} V_{ds}^2 \right] \quad (2.60)$$

通过图 2-27，可以理解为什么漏极电流会饱和。图中显示了晶体管 3 个不同的 V_{ds} 值，栅极电压是恒定的，而且在所有情况下都高于阈值电压。当 $V_{ds} = 0$ 时，反转层厚度始终相同。当增大 V_{ds} 时，在正电压一端，反转层将变薄。在线性区和饱和区的交界处，位于正电压端子处的反转层厚度将趋近于零，这样的情况称为**夹断**。在夹断情况下，沟道会继续传导电流，但会限制流过的电流。

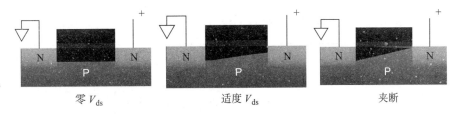

零 V_{ds} 适度 V_{ds} 夹断

图 2-27 增加源 – 漏电压时，少数载流子的演化

通过找到夹断电压，可求出饱和区的电流表达式，将 $Q_n(L) = 0$ 代入式（2.55），并使用符号 $K = \sqrt{\varepsilon_{si}qN_a}/C_g$：

$$V_{D,sat} = V_G - 2\psi_B + K^2 \left(1 - \sqrt{2V_G / K^2} \right) \quad (2.61)$$

将它代回到完整的漏极电流公式中，能够求出饱和电流：

$$I_d = \frac{1}{2}k'\frac{W}{L}\left(V_{gs} - V_t\right)^2 \qquad (2.62)$$

按照惯例，N 型漏极电流是从漏极流向源极的。

在饱和区，漏极电流会随着漏 – 源电流的增加而略有变化。这种效应称为体效应，此种效应对于将在第 3 章讨论的电路模型来说并不重要。

使用符号 $k_n' = \mu_n C_{ox}$ 和 $k_p' = \mu_p C_{ox}$ 作为器件的**跨导**。跨导一词来源于输出电流与输入电压之间的关系，典型的单位是 $\mu A/V^2$ 或 A/V^2。请注意，栅极电容的增加会导致晶体管跨导的增加，这反过来又增加了它产生的电流。漏极电流与晶体管的宽度成正比，而与晶体管的长度成反比。有时使用符号：

$$\beta = k'\frac{W}{L} \qquad (2.63)$$

P 型晶体管的表达式具有相同的形式，但大多数值的符号相反：漏极电流方向为从源极到漏极，阈值电压为负，并使用 V_{sd} 和 V_{sg}。通过将 P 型和 N 型器件的衬底连接到相反极性的电压上，可以在不增加额外电源的情况下，产生负阈值电压。如图 2-28 所示，N 型晶体管构建在与负电源端子相连的 P 型衬底上；P 型晶体管构建在与正电源端子相连的 N 型衬底上。当正常电源范围内的栅极电压施加到这两个晶体管上时，栅极电压的相对极性为：N 型为正，P 型为负。

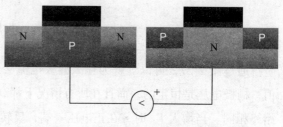

图 2-28　N 型和 P 型晶体管的偏置

现在可以写出在 3 个不同操作区域内漏极电流的方程：

截止区 $V_{gs} < V_t$	$I_d = 0$	(2.64)
线性区 $V_{ds} < V_{gs} - V_t$	$I_d = k'\frac{W}{L}\left[\left(V_{gs} - V_t\right)V_{ds} - \frac{1}{2}V_{ds}^2\right]$	(2.65)
饱和区 $V_{ds} \geq V_{gs} - V_t$	$I_d = \frac{1}{2}k'\frac{W}{L}\left(V_{gs} - V_t\right)^2$	(2.66)

要点 2.5

MOSFET 的跨导与栅极电容值成正比。

例 2.4 MOS 晶体管电流

根据 MOS 电容器的计算公式，可以得到一些样本值；假设晶体管的沟道大小相同，都是 $L = 180\text{nm}$，$W = 270\text{nm}$。

N 型晶体管的跨导是：

$$k_n' = 170\mu\text{A/V}^2$$

计算出 MOS 电容器的阈值电压是 $V_t = 0.7\text{V}$。如果通过漏极和源极连接一个 $V_{ds} = 0.3\text{V}$ 的电压源，并将栅极连接到 $V_{gs} = 1.1\text{V}$ 的电压源上，那么这时在线性区的电流为：

$$I_d = (170\mu\text{A/V}^2) \times \text{—} \times [(1.1\text{V} - 0.7\text{V}) \times 0.3\text{V} - \frac{1}{2}0.3\text{V}^2] = 19\mu\text{A}$$

如果 $V_{gs} = 1.2\text{V}$，$V_{ds} = 1.2\text{V}$，那么晶体管处于饱和区：

$$I_d = \frac{1}{2} \times (170\mu\text{A/V}^2) \times \frac{3}{2} \times (1.2\text{V} - 0.7\text{V})^2$$
$$= 32\mu\text{A}$$

例 2.5 MOS 晶体管的参数趋势

下表是在一些不同工艺条件下，N 型和 P 型晶体管的典型参数值 [PTM15]：

工艺 (nm)	V_{tn} (V)	V_{tp} (V)	μ_n (cm²/Vs)	μ_p (cm²/Vs)	k_n' (A/V²)	k_p' (A/V²)
130	0.38	−0.32	0.059	0.0084	9.1×10^{-4}	1.2×10^{-4}
90	0.40	−0.34	0.055	0.0071	9.2×10^{-4}	1.2×10^{-4}
65	0.42	−0.37	0.049	0.0057	9.2×10^{-4}	1.1×10^{-4}
45	0.47	−0.41	0.0440	0.0044	8.7×10^{-4}	0.87×10^{-4}
32	0.51	−0.45	0.0389	0.0036	8.1×10^{-4}	0.74×10^{-4}
22	0.51	−0.37	0.0181	0.0023	5.2×10^{-4}	0.66×10^{-4}

注意：N 型和 P 型晶体管即使在同一工艺条件下，它们的参数也是不同的。P 型晶体管的阈值电压一般更低，同时它的跨导也更低，因为相对于电子来说，空穴的有效迁移率更低。还可以看到，随着晶体管变小，P 型和 N 型的参数值将会偏离。

2.4.4 MOSFET 的高级特征

我们可能会对 MOSFET 的一些属性感兴趣，然而这些属性，如漏泄量和温度敏感性，在长沟道模型中不会考虑。同时还要考虑一些平面 MOSFET 的替代品，这些替代品是为满足纳米级 MOSFET 的挑战而设计的。

随着晶体管几何尺寸的缩小，静态功耗成了主要的问题，变得越来越重要了。**泄漏电流**是指不受晶体管栅极控制的电流。许多物理机制会产生泄漏电流。随着器件尺寸的缩小，泄漏电流占了总电流的大部分比例。利用现代制造工艺生产的许多芯片中，总泄漏电流大于逻辑门消耗的总动态功耗所对应的电流。

我们前面假设的截止是一种简化。当栅极电压低于阈值时，漏极电流不会立即消失。这是由于即使是在栅极电压低于阈值电压的情况下，仍有少数载流子在沟道中，一些漏极电流依然可以流动。这种**亚阈值电流**成为泄漏电流的重要来源。

如图 2-29 所示，漏极电流以指数级下降到低于 V_t。通过使用**亚阈值斜率**描述该曲线的形状，通常使用**亚阈值摆幅**表达 [Sze81；Tau98]：

$$S = 2.3 \frac{kT}{q} \left(1 + \frac{C_{dm}}{C_{ox}} \right) \tag{2.67}$$

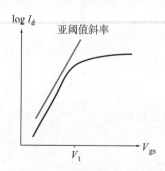

图 2-29　亚阈值电流特性

在这个公式中，C_{dm} 是耗尽层电容。需要注意，反转电荷取决于 V_{gs} 的指数，它也说明了亚阈值电流的半对数行为，亚阈值斜率不依赖于 V_{ds}。

我们想要一个很小的 S 值，它与亚阈值电流的急剧下降相对应。增加 C_{ox} 会对亚阈值电流产生期望的效果，但是这也会导致栅极容性负载的增加和延迟的增加。

漏极电流由漂移电流和扩散电流两部分组成，在亚阈值区域，扩散电流占主导地位，扩散电流取决于电荷密度：

$$I_d = \mu_{eff} \frac{W}{L} \sqrt{\frac{\varepsilon_{si} q N_a}{2\psi_s}} \left(\frac{kT}{q} \right)^2 \left(\frac{n_i}{N_a} \right)^2 e^{q\psi_s/kT} \left(1 - e^{-qV_{ds}/kT} \right) \tag{2.68}$$

扩散电流对器件参数不敏感，如器件尺寸或掺杂。亚阈值电流与晶体管尺寸无关，亚阈值电流的大小对器件尺寸不敏感。当晶体管变小时，其饱和电流减小，而亚阈值电流则保持不变。这曾经是一个微不足道的现象，但现在却成为计算机设计中的一个主要问题。亚阈值电流在总电流中所占的比例会越来越大。泄漏电流呈指数增长，并且现已大于总动态电流。

甚至在源–漏电压为零时，也会产生亚阈值电流。当源–漏电压增大时，漏致势垒降低（drain-induced barrier lowering，DIBL）进一步增加了泄漏电流。我们认为晶体管在低于阈值电压时，可以完全关闭的假设是过于乐观的，特别对现代器件来说更是如此。早期 MOS 器件可以建模为**长沟道器件**，它的沟道长度比源极区和漏极区的任何效应都要长。随着摩尔定律的发展，源极和漏极对沟道操作显示出越来越多的效应。源极和漏极形成的 PN 结耗尽区，就如同二极管一样。当沟道足够短时，耗尽区开始影响沟道中的电流，其电场降低沟道中间的能量势垒。源–漏电压会导致势垒的进一步降低和亚阈值漏极电流的增加。

考虑到器件表达式的形式，晶体管的运行会受到温度的影响也就不足为奇了。MOSFET 的阈值电压随着温度的升高而降低 [Sze81]，这可以通过分析阈值电压公式得出结果：

$$\frac{\mathrm{d}V_\mathrm{t}}{\mathrm{d}T} = \frac{\mathrm{d}\psi_\mathrm{B}}{\mathrm{d}T}\left(2 + \frac{1}{C_\mathrm{g}}\sqrt{\frac{\varepsilon_\mathrm{si}qN_\mathrm{a}}{\psi_\mathrm{B}}}\right) \tag{2.69}$$

$$\frac{\mathrm{d}\psi_\mathrm{B}}{\mathrm{d}T} = \pm\frac{1}{T}\left[\frac{E_\mathrm{g}(T=0)}{2q} - \left|\psi_\mathrm{B}(T)\right|\right] \tag{2.70}$$

温度会使亚阈值斜率降低。MOSFET 在 100℃时的泄漏电流，比它在 25℃时的泄漏电流大 30～50 倍 [Tau98]。这两个事实都不利于芯片的运行。当芯片升温时，漏极电流和亚阈值电流都会增加，而这导致的功耗增加又会使温度进一步升高。在极端情况下，其结果是**热失控**，这将导致芯片永久损坏。甚至在逻辑门状态不改变的情况下，也会有亚阈值电流一直流动，这会导致芯片发热。而热量使亚阈值电流增加，又会产生更多的热量。结果可能是热量过于巨大以至于芯片损坏。

要点 2.6

泄漏电流会随温度升高而增加。

泄漏电流变得如此之大，已使制造商从根本上改变了晶体管的结构，以此减少泄漏电流。图 2-30 所示为一个 finFET 结构，这种晶体管不是平面结构的。取而代之，这种晶体管是在硅片表面延伸的硅鳍片上制造的。栅极围绕鳍片形成一个沟道区域，这能使栅极电压控制存在于窄薄区域中的载流子，这远远优于体硅晶体管。另一种是图 2-31 所示的绝缘体上硅（silicon-on-insulator，SOI）结构。早期的 SOI 技术是在一个不同类型衬底上生长一层薄薄的硅，如蓝宝石，但替代衬底的价格十分昂贵。现代 SOI 结构是生

长了一层氧化物层，从而形成了晶体管。薄的沟道区有助于栅极控制电子，减少漏致势垒降低是 SOI 结构的一个优点。

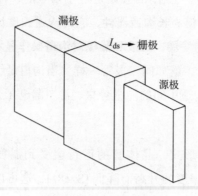

图 2-30   finFET 结构

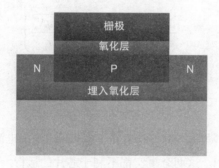

图 2-31   绝缘体上硅（SOI）晶体管的截面图

2.5   集成电路

现代计算机发展的关键是**集成电路**（或简称为 IC）的发展。由于晶体管在 IC 中的作用，它的重要性随之被放大。印制电路板上的晶体管一直都在改进，但用其设计制造的电子系统仍然笨重而且相当耗电。今天，由于集成电路的巨大优势，每年在加利福尼亚州制造的晶体管比下的雨还要多。

杰克·基尔比 [Kil64] 和罗伯特·诺伊斯 [Noy61] 发明了集成电路的许多技术。基尔比于 2000 年获得诺贝尔物理学奖 [Nob00B]。他发明的第一个集成电路如图 2-32 所示。

制造集成电路的直接初衷令人吃惊。最早的晶体管批量制造在一个共同的衬底上，然后将它们切成小块，每一块是一个晶体管。接下来将晶体管组装并连接在印制电路板上。为什么要将晶体管分开？为什么不把它们连接在衬底之上，形成一个单一且有器件和导线的集成电路？

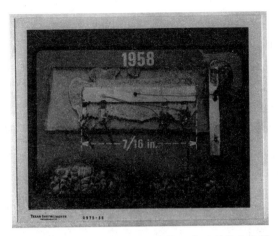

图 2-32　第一个集成电路（戴高礼（DeGolyer）图书馆，南卫理公会大学，德克萨斯仪器记录）

　　首先，本节将介绍摩尔定律，它描述了随着器件尺寸变小时的一个指数关系。将在 2.5.2 节中研究 IC 制造过程，同时将在 2.5.3 节中更详细地讨论光刻。2.5.4 节中会讨论数学理论。最后，2.5.5 节将讨论制造与电路设计的分离方法。

2.5.1　摩尔定律

　　可以在一个芯片上放置多少个晶体管，其最明显、也是首要的约束就是特征尺寸，即我们能够在晶圆片上制造的特征尺寸。英特尔创始人之一的戈登·摩尔（Gordon Moore），在集成电路发展的早期，就注意到集成电路的特征尺寸将会持续缩减，这意味着每个芯片上的晶体管数量会增加。这个结果现在称为**摩尔定律**，在大半个世纪以来，这一定律仍然适用。如图 2-33 所示，这些年来，它的变化速度稍有变化。但多年来，每个芯片上的晶体管数量每 18 个月增加一倍。由于晶体管数目的复合增加，每一个芯片上晶体管的数量呈指数级增长。

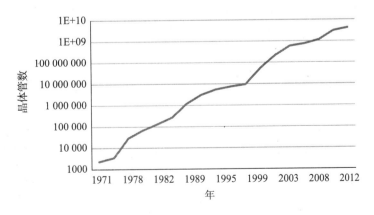

图 2-33　摩尔定律 [Tra15]

制造工艺需要开发成套的相关技术。一个给定的制造工艺称为一个**技术节点**。节点的尺寸，传统上是由该节点所能制造的最小晶体管的长度决定的。然而，随着制造工艺越来越复杂，特征尺寸和节点名称之间的关系也变得越来越复杂了。

从图 2-34 可以看出这些年来晶体管制造工艺的进步。这些数据来源于产业规划组——国际半导体技术蓝图（ITRS）的报告。该图显示了在 20 年内，高性能微处理器中晶体管长度的制造目标，晶体管尺寸将呈指数级缩小。

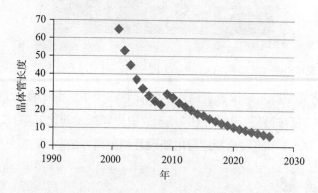

图 2-34　晶体管长度随时间的变化 [ITR01；ITR05；ITR07；ITR11；ITR13]

摩尔定律认定，随着时间的推移芯片会变得更加复杂，但这并不一定意味着它们的速度会更快。正如在下一章中看到的另一个分析预测，认为芯片会随着晶体管的缩小而变得更快。结合数量更多和速度更快这两个特性，晶体管成为一种巨大的经济动力，五十多年来摩尔定律一直保持有效。

2.5.2　制造工艺

现代 IC 制造工艺中大晶片的生产如图 2-35 所示。每个晶片包含许多能在晶片表面上看到的芯片。接下来晶片将被切割，然后会对芯片进行测试。测试过后，性能好的芯片会进行电子封装，这能保护芯片而且能够保持机械稳定的布线。最后这些芯片准备在系统中使用。

IC 制造称为**平面加工**，因为它的大部分结构位于一系列平行平面内。平面工艺是由金·霍尔尼（Jean Hoerni）开发的，他来自生产双极晶体管的仙童摄影器材公司 [Hoe62]，平面工艺的基本概念对 MOS 晶体管同样适用。晶体管沟道以晶片作为衬底，通过添加掺杂物来控制其电特性。许多不同的材料层放在顶部，以产生线路和晶体管栅极，二氧化硅用作绝缘层置于这些材料层之间。图 2-36 所示为一个简单芯片的俯视图和侧视图。该芯片包括晶体管、金属导线和连接沟道的漏极到金属导线的**通孔**。晶体管的横截面像预期的一样，这个通孔由玻璃中填满金属的垂直孔组成；金属流到衬底连接漏极，并填满连接器另一端的金属线平面。

图 2-35　集成电路的晶片（IBM 公司免费提供）

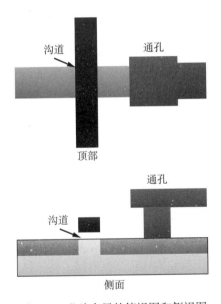

图 2-36　芯片布局的俯视图和侧视图

　　每个材料层上都有一个**掩模**，它们通过图案规定晶片如何制作。现代芯片使用 7 ~ 10 层导线层垂直叠放。

　　因为芯片制造是在**洁净室**的设施中进行的，所以需要严格控制灰尘和其他污染物。同时考虑到制造器件的尺寸非常微小，即使是最小的材料也可能会导致制造误差。所以斥资数十亿美元兴建现代 VLSI 生产线也是制造这种精准设备的客观要求，而且由于大量的芯片需要在生产线上批量生产，所以巨额投资也不无可能。

　　图 2-37 显示了制造工艺的主要流程。大多数制造过程包括 3 个主要步骤。首先，用

掩模将图案放在晶片上，该掩模描述了在此步骤中要放置的特征，图案控制材料沉积的位置。接下来会以某种方式处理材料：例如，掺杂剂扩散的热处理。制作的主要步骤包括准备晶片，在衬底上加入扩散物质，使用多晶硅电线形成金属导线，最后将具有防护效果的二氧化硅层的芯片进行钝化。

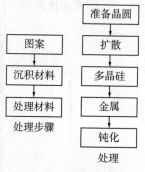

图 2-37　制造流程

鉴于元件尺寸极其微小和数量庞大这两个因素，有的芯片不能工作也就不足为奇。这也需要使用各种测试程序来识别芯片能否工作。**功能测试**用于检查电路的布尔行为，而**参数测试**会测试时钟频率和工作温度等属性。

一旦芯片制作完成，它将被放置在**封装包**中，封装包具有防护效果而且易于处理。该包提供物理支持，此外提供一组**引脚**连接到印制电路板。芯片上的一组**焊盘**提供足够大的金属区域以使其能与封装进行连接。良好的电气连接需要坚固的机械性能，这种机械性能是指通过引脚将芯片一侧和印制电路板上的一侧连接起来。封装的材料可以根据特定的环境和温度选择是使用塑料还是陶瓷。图 2-38 显示了 1995 年的英特尔奔腾 Pro 处理器。该处理器由两个芯片组成：左边的 CPU，右边的高速缓存。芯片放置在一个空腔中，在标准情况下，这个空腔被盖上保护盖以保护芯片。在芯片的边缘可以看到一排排焊盘，这些焊盘提供连接到芯片上导线的连接点。引脚垂直延伸以便连接到印制电路板。这个封装包是由陶瓷制成的，而在塑料包装的情况下，焊盘框连接芯片的引脚，然后塑料围绕芯片和焊盘框成型。图 2-39 所示为是 2014 年的英特尔 Broadwell 处理器。它也由两个芯片组成，但它的新颖之处是更小和更轻。在照片中看不见 Broadwell 芯片封装的保护盖。

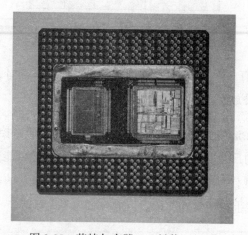

图 2-38　英特尔奔腾 Pro 封装 c.1995

图 2-39   英特尔 Broadwell 封装 c.2014（由英特尔公司提供）

2.5.3   光刻技术

光刻是指在晶片表面产生图案。光和光学系统的特性是 IC 制造的基本局限之一。

使用透镜系统将掩模投射到晶片上。该晶片上涂覆着能捕获图案的感光材料。掩模的分辨率主要取决于光学系统，光子的波动性使得由透镜投射的光照度图案会受到折射的影响 [Hec98]。如图 2-40 所示，控制穿过透镜的光圈宽度是 d，到芯片表面的距离是 D，光的波长是 λ。光照度 I 作为入射角 θ 的函数形式是复杂的，但它可以用下面的式子表示：

$$I(\theta) \propto \mathrm{sinc}^2\theta \tag{2.71}$$

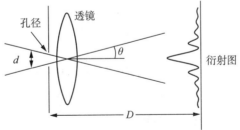

图 2-40   掩模投影到晶片上的透镜

由透镜形成的衍射图样是瑞利判据的基础，也是分辨率的基本判据。如图 2-41 所示，瑞利判据指出，当一个光源的衍射图像的中心与另一个光源的衍射图像边缘的最大亮点重合时，这两个特征点的光源能够被分辨出来。光源中心最大亮点的直径是 $1.22\lambda D/d$。比值 d/D 也称为数值孔径 NA。所以可以将这个公式重写为：

$$\Re = 1.22\frac{\lambda}{NA} \tag{2.72}$$

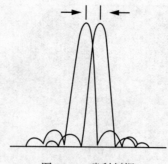

图 2-41　瑞利判据

对于常用的光刻型光学系统，瑞利因子通常写为：

$$\Re = k_1 \frac{\lambda}{NA} \tag{2.73}$$

其中 k_1 是对光学系统中几个物理细节的总结，对典型的光刻设备来说，它的值大约是 0.75。

光源的波长限制了光学系统的分辨率。记住，光的波长和频率关系为 $f = c/\lambda$，光的频率越高就越靠近光谱的紫外端，分辨率也就越高。

例 2.6　光刻分辨率

氟化氪（KrF）激光波长为 248nm，掩模投影系统中数值孔径的典型值是 0.6。这给了一个最低分辨率：

$$\Re = 0.75 \frac{248 \times 10^{-9}\,\mathrm{m}}{0.6} = 310\mathrm{nm}$$

对分辨率的简单分析表明：IC 制造商应该将重心转移到研制极紫外光源上，以实现现代特征尺寸所需的分辨率。但是，使用这些光源价格十分昂贵，所以制造商已经开发了一些技术，以延长传统光刻技术的使用寿命。

分辨率取决于数值孔径，它由透镜和目标物之间的介质折射率来确定。减小孔径的同时会提高分辨率，同时，由于较少的光线穿过光圈，所以所需的曝光时间也会随之增加。较长的曝光时间也导致打印掩模所需的时间变长，因为在生产过程中，使用的掩蔽步骤可能会超过 100 个，所以增加曝光时间可以大幅度地增加制造时间。可以利用数值孔径对介质折射率的依赖性，改变透镜前的介质。利用液体而不是空气，可以提高数值孔径，降低最小可分辨的特征。浸没式光学使制造商能够大幅度减小可制造的最小特征尺寸，并且可以在不改变光波波长的情况下照亮掩模。

光刻计算分析了衍射的影响，并创建一种掩模，此种掩模的投影会形成与预期一样的图案——掩模图案消除了衍射的不良影响。**双重图案**化在两个步骤中产生精细特征，每一侧对应一个特征。

2.5.4　良品率

物理过程表现出自然的变异过程，从而导致生产过程中出现**良品率**问题。有些器件可能不能正常运行、不满足性能指标或出现其他问题。由于现代 IC 晶体管和导线的尺寸都很小，所以良品率成为半导体制造中的一个重要问题 [Gup08]。许多不同的问题都会导致芯片制造失败：在晶体管栅极氧化物中的孔、源极和漏极尺寸过大或过小、导线太薄或太厚、导线太窄或太宽、通孔不开放，等等。

泊松分布是一个计算良品率的简单模型。给出单位区域 D 的缺陷密度，如果区域 A 内没有缺陷，那么芯片的性能良好。良品率为：

$$Y = \mathrm{e}^{-AD} \tag{2.74}$$

然而，这种模型计算出的结果往往是悲观的，因为许多类型的故障不是均匀分布在整个芯片中的。

在制造过程中任何步骤都可能产生缺陷，所以总良品率取决于每个步骤的良品率：

$$Y = \prod_{1 \leq i \leq n} Y_i \tag{2.75}$$

由于现代制造过程可能会超过 100 个步骤，所以每一步的良品率都必须非常高，这样最终才能达到一个可以接受的总良品率。

一般情况下，任何一个晶体管、导线或通孔的故障都足以使芯片制造失败。但有时候也可以充分利用这些有故障的芯片，如多核处理器，可以完全不使用失效的组件（降低芯片消耗）；还有内存，可以在原来的电路制造过程中添加额外测试芯片的电路，如果有必要的话，还可以通过一些小的改动将其变为备用电路以替代有故障的电路。

良品率不仅会受到导线短路等这种功能特性的影响，而且也会受到像速度或功率等**参数化**不正确的影响。电路必须设计为不仅要在器件的各项**标称**参数下能正常使用，而且要在器件参数范围内也都能正常运行。制造业规定了保证合理交付的参数范围。这些参数定义了一个多维空间，将该空间的极值称为**工艺角**。电路设计必须满足能在所有工艺角处正常工作，即以足够快的速度运行，而且功耗也要在标准范围内等。正如我们所看到的，器件参数之间有密切的联系，比如，阈值电压和跨导取决于栅极电容。除此之外，并不是所有的工艺角都会出现。

过程不稳定是决定良品率的另一个重要因素。制造的变化可能会导致逻辑可靠性、性能和能耗这些关键参数发生明显变化。

参数规格中一个重要的参数是工作温度。虽然工艺设计人员不能直接控制芯片的工作温度，但他们需要记住的是，器件特性在很大程度上依赖于温度。因此，他们必须指定器件工作的温度范围，电路设计者必须考虑温度对电路运行的影响。

例 2.7 $I_{d,sat}$ **的敏感性**

下图显示了阈值电压和跨导在 ±20% 变化情况下 $I_{d,sat}$ 的变化，这些参数围绕标称值 $V_t = 0.5V$，$k' = 8.1 \times 10^{-4}A/V$ 变化：

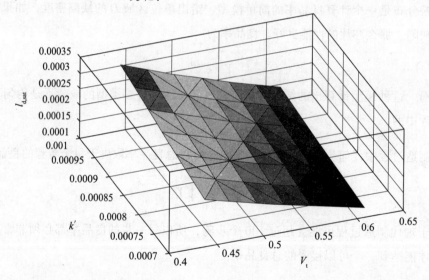

2.5.5 特征分离

一个制造过程被设计成用来支持一系列的数字设计，不会为一个特殊芯片而特地去创建一个过程。（动态 RAM 是一个主要的例外——它需要专门的设备和电路。）这种关注点的分离，使得我们能够将开发过程中的巨大成本分散开来，将制造工作的构建分散到几个设计中；同时它也有助于降低任何特定设计的风险。

然而，这也意味着在设计中没有完全的自由，例如，数字设计师不能轻易地要求工艺设计师改变晶体管的特性。工艺设计师在他们的工作领域中也不能授权使用或避免使用某些类型的电路。

大致说来，制造过程严格遵循了晶体管和导线的特性，电路设计者利用这些元器件设计电路。举个例子来说，电路设计师也不能改变晶体管的跨导。然而，他们可以在满足电路需要的前提下设计每个晶体管的 *W/L*。

要点 2.7

器件参数之间的一些重要关系：

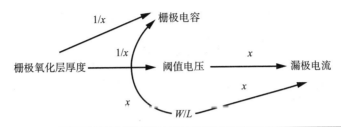

2.6　小结

- MOS 晶体管的特性由阈值电压和跨导决定。制造工艺设计者根据应用要求和物理限制来决定阈值电压等值。电路设计者可以选择晶体管沟道的 *W/L* 来调整其特性。
- 晶体管参数相互关联。改变一个参数会引起其他参数的变化。
- 集成电路结合晶体管和导线来创建完整的电路和系统。
- 通过摩尔定律可以观察集成电路技术的改进。晶体管尺寸呈指数级下降，每个芯片上晶体管数量呈指数级增加。

问题

2-1　铜的电阻率为 $1.7 \times 10^{-8}\,\Omega$，其载流子浓度为 $8.5 \times 10^{28}\mathrm{m}^{-3}$。它的迁移率是多少？

2-2　已知铜线的横截面为 $A = 6.25 \times 10^{-16}\mathrm{m}^2$，长为 $5 \times 10^{-7}\mathrm{m}$，电阻率为 $1.6 \times 10^{-8}\,\Omega \cdot \mathrm{cm}$。电线的电阻是多少？

2-3　使用式（2.18）和式（2.19）测算出费米能级和本征费米能级在掺杂 300K 范围内时的差异：
　　a. $10^{15} \leqslant N_\mathrm{d} \leqslant 10^{18}\mathrm{cm}^{-3}$
　　b. $10^{15} \leqslant N_\mathrm{a} \leqslant 10^{18}\mathrm{cm}^{-3}$

2-4　下列两种情况中如需给电容器充电 1V 需要多少个电子：
　　a. 电容是 10fF？
　　b. 电容是 0.1fF？

2-5　对于 $W = 45\mathrm{nm}$、$L = 30\mathrm{nm}$，画出 C_px 在 $1\mathrm{nm} \leqslant t_\mathrm{ox} \leqslant 5\mathrm{nm}$ 时的函数。

2-6　MOS 电容器掺杂 $N_\mathrm{a} = 10^{15}\mathrm{cm}^{-3}$，在 300K 时阈值电压是多少？

$$\psi_\mathrm{s}(inv) = 2\frac{kT}{q}\ln\frac{N_\mathrm{a}}{n_\mathrm{i}} = 2\frac{(1.38\times10^{-23}\mathrm{J/K})(300\mathrm{K})}{1.6\times10^{-19}\mathrm{C}}\ln\frac{10^{15}\mathrm{cm}^{-3}}{1.45\times10^{16}}\mathrm{C}\cdot\mathrm{V}\cdot\mathrm{cm}^3/\mathrm{J} = -0.14\mathrm{V}$$

2-7 已知几个器件的导带、价带和费米能级。分别绘制出在下列几种情况中掺杂区域之间的边界，并确定每个区域的类型（N 或 P）。

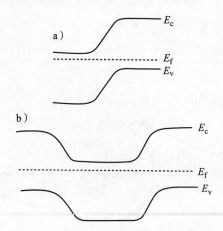

2-8 已知简化形式的阈值电压公式为 $V_t = P + \dfrac{Q}{C}$，其中 P 和 Q 为任意常数。

　　a. 如果将 W 和 L 的大小降至原来的一半而不改变其氧化层厚度，那么它的阈值电压如何变化？

　　b. 如果将 W、L 和氧化层厚度 x 设为相同的值，那么阈值电压如何变化？

2-9 已知晶体管中 $k' = 80\mu\text{A/V}^2$，$V_t = 0.5\text{V}$，$\dfrac{W}{L} = 1.5$。绘制出在 $0 \leqslant V_{ds} \leqslant 1\text{V}$ 范围内晶体管线性和饱和区域之间的界线。

2-10 晶体管在 $|V_{gs}| = |V_{ds}| = 1.1\text{V}$ 时漏极电流是多少?

　　a. N 型：$V_{tn} = 0.5\text{V}$，$k'_n = 80\mu\text{A/V}^2$，$W/L = 2$。

　　b. P 型：$V_{tp} = -0.5\text{V}$，$k'_n = 50\mu\text{A/V}^2$，$W/L = 2$。

2-11 计算 N 型和 P 型在 $|V_{gs}| = |V_{ds}| = 1\text{V}$，$W/L = 3$ 时的饱和漏极电流：

　　N 型：

　　a. $V_{tn} = 0.55\text{V}$，$k'_n = 75\mu\text{A/V}^2$

　　b. $V_{tn} = 0.45\text{V}$，$k'_n = 85\mu\text{A/V}^2$

　　c. $V_{tn} = 0.50\text{V}$，$k'_n = 75\mu\text{A/V}^2$

　　P 型：

　　d. $V_{tp} = -0.55\text{V}$，$k'_p = 55\mu\text{A/V}^2$

　　e. $V_{tp} = -0.45\text{V}$，$k'_n = 30\mu\text{A/V}^2$

　　f. $V_{tp} = -0.50\text{V}$，$k'_n = 45\mu\text{A/V}^2$

2-12 计算 N 型和 P 型在 $|V_{gs}| = 1\text{V}$，$|V_{ds}| = 0.3\text{V}$，$W/L = 3$ 时的线性区漏极电流：

　　N 型：

　　a. $V_{tn} = 0.55\text{V}$，$k'_n = 75\mu\text{A/V}^2$

　　b. $V_{tn} = 0.45\text{V}$，$k'_n = 85\mu\text{A/V}^2$

　　c. $V_{tn} = 0.50\text{V}$，$k'_n = 75\mu\text{A/V}^2$

　　P 型：

　　d. $V_{tp} = -0.55\text{V}$，$k'_p = 55\mu\text{A/V}^2$

　　e. $V_{tp} = -0.45\text{V}$，$k'_n = 30\mu\text{A/V}^2$

f. $V_{tp} = -0.50V$, $k'_n = 45\mu A/V^2$

2-13 画出作为 V_{ds} 函数的漏极电流随 V_t 变化而变化的曲线，假定 N 型晶体管中 $k' = 80\mu A/V^2$, $V_t =$ 0.5V，$\dfrac{W}{L} = 1$：

$$V_{gs} = 0.75V$$
$$V_{gs} = 1V$$

2-14 泄漏电流导致初始充电电压为 1V 的电容器放电。

    a. 多少泄漏电流在 1fF 电容器的电压在 1ps 时，产生 10% 的变化？

    b. 多少泄漏电流导致 0.1fF 电容器的电压在 10ps 时产生 50% 的变化？

2-15 找出与摩尔定律相关的值：

    a. 1971 年到 2016 年期间有多少个 18 个月的间隔？

    b. 编写一个求晶体管数量的函数，y 作为年份，1971 年的晶体管数量为 $n_{1971} = 3000$。

    c. 2016 年，100 亿个晶体管的指数权重是多少？

2-16 根据瑞利判据算出在波长范围为 200nm $\leqslant \lambda \leqslant$ 400nm 时的最小分辨率。假设 $k_1 = 0.75$，NA = 0.6。

逻 辑 门

3.1 引言

本章将学习逻辑门电路基本的物理属性，我们将通过 CMOS 反相器这种单一的逻辑门电路来了解这些属性。了解这些属性有 3 个目的：第一，理解数字逻辑电路为什么是这样设计的；第二，了解逻辑门电路的设计空间——改变其中任一个设计参数对整个电路的影响；第三，理解摩尔定律如何从技术方面一代一代影响电路门属性。

对于任何的逻辑门电路和数字系统，我们只关注它们的 3 种物理性质，分别是**性能**、**能量**和**可靠性**。当然，逻辑门电路还有其他的物理性质。例如，制造门所需要的面积，那么成本就是主要考虑因素。面积是特定门设计的主要讨论点，我们最感兴趣的就是它的逻辑设计空间。

性能是一种在不同领域代表不同含义的术语。在计算中，性能往往意味着速度。在逻辑门电路中，我们感兴趣的是门电路从输入转化为输出的新值所需要的时间。逻辑门电路的速度不能直接理解为 CPU 的性能或者软件性能，但逻辑门的性能确实会限制更大型系统的运算速度。硬件设计者花费许多时间优化他们的设计性能。

改变物理系统的状态需要能量，逻辑门电路也不例外。当一个逻辑电路评估输入而生成一个输出时，它就需要消耗能量。能量有自己的代价——每个门电路运行时需要更多的能量，这意味着更大的电力开销。但是能量消耗有一些其他的影响，单位时间内的功率或者能量决定了每个芯片产生的热量。过多的热量消耗会产生许多问题，比如芯片失效。一些芯片需要巨大的功率也会产生一些工程问题。功率与性能是不同的：高性能意味着需要高功率。

可靠性的重要性可能不是那么明显，对于一般的用户而言，计算机似乎很少出现非正常工作的情况，但是数字逻辑却是不同的。考虑到高端芯片上的晶体管只有几百个原子长，所以它们出现故障也就不会太过奇怪了。我们可以设计高可靠的数字系统，但是不能保证它们不会发生故障，基本的物理极限控制着数字系统的可靠性。

3.2 节介绍 CMOS 反相器，3.3 节介绍反相器的静态特性，3.4 节建立反相器的延迟模型，而 3.5 节建立功率模型，3.6 节介绍理想的缩放理论，3.7 节研究门可靠性的模型。

3.2 CMOS 反相器

互补 MOS（CMOS）电路现已主导了数字设计。互补这个词源于在同一个门电路中同时使用 P 型和 N 型晶体管。CMOS 之所以引人注目，主要有两个原因：制造相对容易，功耗低。现代 CMOS 需要更加复杂的制造工艺，同时我们会看到，功耗是现代 CMOS 芯片中的一个主要关注点，但是 CMOS 的统治地位不太可能很快结束。

图 3-1 展示了一个静态互补反相器的原理图以及反相器的符号。这个门的两个晶体管连接到一起（可惜，在晶体管和逻辑电路中，我们都使用了门（gate）这个词。如果有二义性，我们将会具体指出）。

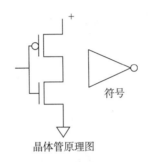

图 3-1　CMOS 反相器的原理图

CMOS 需要 N 型和 P 型晶体管，这意味着不同的衬底需要不同的掺杂。构建 CMOS 最普通的方法就是**双管**实现，屏蔽掉衬底的不同部分以实现合适的掺杂，如图 3-2 所示。

图 3-2　双管 CMOS 的横截面

反相器的基本操作简单易懂。两个晶体管的栅极相互连接，N 型和 P 型晶体管表现出相反的极性，因此它们将行使相反的功能。如果输入为高电平，N 型晶体管将导通而 P 型晶体管将断开，那么输出为低电平。如果输入为低电平，N 型晶体管将断开而 P 型晶体管将导通，那么输出为高电平。N 型晶体管称为**下拉**晶体管而 P 型晶体管称为**上拉**

晶体管。一直以来，CMOS 电路电源的正极称为 V_{DD}，而负极称为 V_{SS}。V_{SS} 通常接地，一般我们提到的电源电压会简单地称为 V_{DD}。在多数情况下，我们假设 $V_{SS}=0$ 以简化方程。

我们通常用术语**地**来表示提供零电压的公共连接点，但是零电压的参考值并不是任意选取的。大地提供了一个极好的参考电压，电气上**地球表面**与大地相连，大地作为参考电压是因为地球电压一般不会改变。如果在金属表面上的一点放置电荷，那么由于静电力的作用这些电荷将会均匀分布在金属表面，因此金属表面上各点电量很少。地球虽然不是一个理想导体，但是它体积巨大，可以吸收大量的电荷而不改变自身的电压。

电信号波形是时间的连续函数。图灵机模型需要离散值而不是像电压这样与时间有关的连续值。为了使用逻辑门搭建图灵机，我们首先需要说明如何出电信号的连续波形得到它的离散值。如图 3-3 所示，该逻辑门工作在电压和电流上，但是我们并不关心逻辑门输出电压的精确值，只是用信号值的范围来代表一个单独的位。

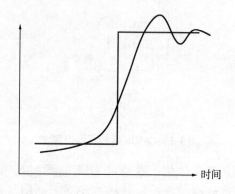

图 3-3   波形和离散值

有一些逻辑系列用电流值来表示逻辑值，而 CMOS 系列使用电压值。使用值的范围表示一位可以提高电路的抗噪能力。图 3-4 显示了如何映射位于电源电压内的电压的映射规则：低电压对应逻辑 0，高电压对应逻辑 1。我们把逻辑 0 对应的电压上界称为 V_L，逻辑 1 对应的电压下界称为 V_H。中间有一段电压既不表示逻辑 1，也不表示逻辑 0。我们把这一电压范围称为 X。正如接下来会看到的一样，分配既不表示逻辑 1 也不表示逻辑 0 的这一范围的电压是反相器工作的自然结果。

未知值 X 与布尔逻辑中的无关项从根本上来讲是两个不同的概念。布尔函数可以利用两种不同类型的无关项。输入无关是一组最小相关项的简写。输出无关是一种不完全确定函数，在这个

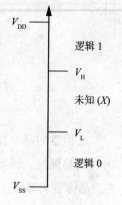

图 3-4   电压和逻辑值

函数中一些输入组合对应的函数输出值是基于最小化而选择的。完全实现的函数由该输入集合总会得到相同的输出。与此相反，电路中的未知值是电压值，它是已知的可衡量值，但并不符合逻辑 0 或 1 的设置要求。

图 3-5 展示了一个简单的随时间变化的波形图和与之对应的布尔值关系。在 t_1 时刻，该波形的电压值从逻辑 1 下降到 X。在 t_0 时刻，它从 X 进入逻辑 0 的范围内。如果在示波器中能看到数字输出值，那么我们会看到信号开始为 1，在 t_1 时刻变为 X，之后在 t_0 时刻又到达 0。

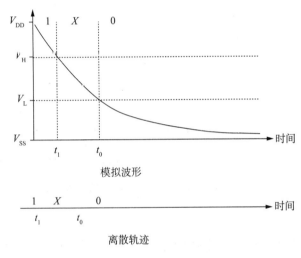

图 3-5　波形与其逻辑值

3.3　门电路的静态特性

反相器的一些重要性能来源于它的静态特性——当输入不变时它的操作性能。逻辑电平由它的静态特性决定，逻辑电平反过来又影响反相器的一些重要的可靠性能。

那么我们怎么选择 V_H 和 V_L 的值呢？常用方法就是利用**传输曲线**这个电路特性。电压传输曲线体现了输入电压和输出电压之间的关系，它与时间无关。如果传输曲线不是时间的函数，那它就是门电路的**静态**性能曲线。通过施加一个电压序列并且测量每个输入电压对应的输出，我们可以测出一个电路的传输曲线，电压的输出值以给定时间的输出为准。我们选出一些输入电压值，计算出对应的输出值。我们需要写出一些与两个晶体管的电流和电压有关的等式。

图 3-6 给出了一个反相器的传输曲线，曲线体现出了反相特性：低输入电压可得到高输出电压，反之亦然。在曲线的两个端点之间，传输曲线的斜率较大。通过反相器原

理图和传输曲线坐标轴上的电压比较，就可以知道晶体管是如何响应的。在低输入电压的情况下，N 型晶体管在线性范围内而 P 型晶体管已达到饱和。在高输入电压时，N 型晶体管达到饱和而 P 型晶体管是线性变化的。在曲线的中间点，两个晶体管都完全饱和导通。在典型操作中，反相器在传输曲线的两端消耗了大多数时间。

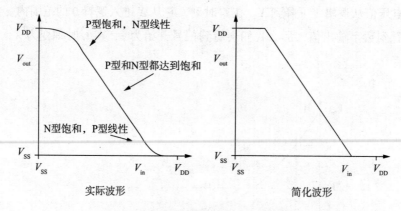

图 3-6　CMOS 反相器的电压传输曲线

可以使用晶体管的漏极电流方程来计算传输曲线。由于曲线非常复杂，我们有时会使用一个简化版的传输特性。如图 3-6 所示，可以将传输曲线简单地近似分为 3 段：高输出阶段、低输出阶段和过渡转换阶段。

图 3-7 展示了两个反相器的传输曲线。一个反相器有相同尺寸的 N 型和 P 型晶体管，另一个反相器的晶体管大小为 β，其中 P 型晶体管的大小比 N 型晶体管大 4 倍。在这两个反相器中 N 型晶体管的跨导相同，P 型的跨导也相同。改变上拉和下拉晶体管的相对大小不会显著改变传输曲线中间的斜率，我们称之为增益。然而，它确实使传输曲线有实质的移动——上拉越大，传输曲线越往右移动。

绘制传输曲线最简单的方法就是产生一系列点。P 型晶体管的伏安特性与 N 型的具有相同的基本形状，但是 V_{gs} 和 V_t 都是负数（通过将 P 型晶体管的衬底与 V_{DD} 相连，我们可以对栅极施加一个不超出电源限值的负电压。由于 P 型的衬底掺杂了 N 型，而 N 型衬底掺杂了 P 型，所以将每个区域与不同电源端相连不会出现问题。）我们将标注每个变量的晶体管类型，例如，$V_{t,p}$。

利用传输曲线可以确定逻辑电平的电压值，只需要找到传输曲线上斜率为 −1 的点即可。有两个这样的点：一个是高输出电压，另一个是低输出电压。这个过程实际上得到了独立的输入、输出电压值。如图 3-8 所示，V_{IH} 是输入端逻辑为 "1" 的最小电压值，而 V_{OH} 是输出端逻辑为 "1" 的最小电压值。

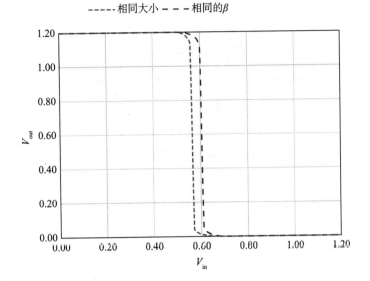

图 3-7 上拉函数的传输曲线

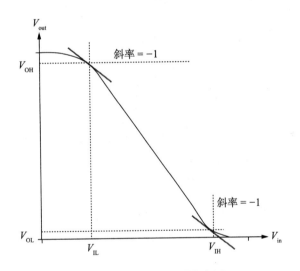

图 3-8 选择逻辑电平的电压

为了确保这些门电路正确运行，我们需要保证一个门的输出电平符合下一个门的输入电平要求。正如图 3-9 所示，要确保 $V_{OH} \geqslant V_{IH}$ 和 $V_{OL} \leqslant V_{IL}$——为了确定一个门电路的输出可以为下一个门电路产生有效的输入。注意高、低逻辑电平不需要对称，所需的输入电压与输出电压之间的差值称为**噪声容限**。例如，逻辑高电平的噪声容限为：

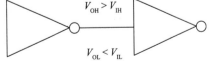

图 3-9 输出和输入电压电平的兼容性

$$NM_H = V_{OH} - V_{IH} \qquad (3.1)$$

逻辑低电平的噪声容限为：

$$NM_L = V_{IL} - V_{OL} \tag{3.2}$$

检查传输曲线表明 CMOS 门容易达到噪声容限所需的条件。如图 3-10 所示，小于 V_{IL} 的电压值会远小于电源电压，但是经过反相器反转后的输出电压就很接近于电源电压了，我们经常称这个特性为**恢复**逻辑值。逻辑门的增益对于逻辑门的恢复性能是很重要的。逻辑门放大了输入信号（也许还包括反相功能，但也会放大幅值）并且使电压值更接近于电源电压值。当输入电压值在电源电压值附近时，即使大幅度地改变输入电压，输出值的变化也会很小。我们把逻辑门的这类放大特性称为**饱和**逻辑，因为它们的电压值趋于饱和至电源电压值。

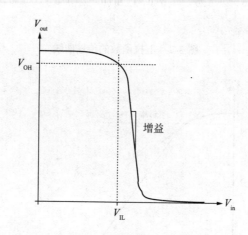

图 3-10 增益和恢复逻辑值

更大的噪声容限意味着，要将有效的逻辑电平变为无效电平时需要更大的噪声。如果假设器件的跨导相等，即 $k'_n = k'_p$，那么我们能得到晶体管参数与噪声容限之间简单的关系：

$$NM_L = -(V_{DD} + V_{t,p} - V_{t,n}) \tag{3.3}$$

公式表明增加阈值电压能提高噪声容限：

$$NM \propto V_t \tag{3.4}$$

（如果跨导不相等，能保持相同的正比关系，但公式就会变得很乱。）当然增加晶体管的阈值也会增加门电路的延迟。

我们经常以图形的方式找到逻辑电平对应的值，求解逻辑电平值的代数表达式是非常复杂的。一个判断反相器工作的简单而又直观的方法就是**中间电压** V_M。如图 3-11 所示，这个电压在传输特性的中间点上。我们可以通过写出反相器的一些表达式来计算出 V_M。两个晶体管相连的门为：

$$V_{gs,n} = V_{DD} + V_{gs,p} \tag{3.5}$$

流过两个晶体管沟道的电流也是相等的：

$$I_{d,n} = I_{d,p} \tag{3.6}$$

通过两个沟道的电压值之和等于电源电压：

$$V_{DD} = V_{ds,p} + V_{ds,n} \tag{3.7}$$

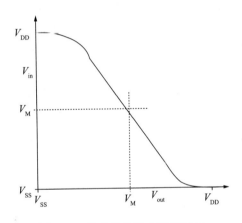

图 3-11　传输特性的中间电压 V_M

在传输特性的中间，两个晶体管都处于饱和区域，所以我们用饱和漏极电流的定义将式（3.6）扩展为：

$$\frac{1}{2}\beta_n(V_{gs,n} - V_{tn})^2 = \frac{1}{2}\beta_p(V_{DD} - V_{gs,p} - |V_{tp}|)^2 \tag{3.8}$$

按照惯例，N 型晶体管的源极与地相连，P 型晶体管的源极与 V_{DD} 相连。在简单的 MOSFET 中，源极和漏极是对称的。在现在的晶体管设计中，源极与漏极有一些不同之处。

我们将栅极电压替换为 V_M：

$$\frac{1}{2}\beta_n(V_M - V_{tn})^2 = \frac{1}{2}\beta_p(V_{DD} - V_M - |V_{tp}|)^2 \tag{3.9}$$

得到 V_M 的表达式为：

$$V_{\mathrm{M}} = \frac{\sqrt{\dfrac{\beta_{\mathrm{p}}}{\beta_{\mathrm{n}}}}(V_{\mathrm{DD}} - |V_{\mathrm{tp}}|) + V_{\mathrm{tn}}}{1 + \sqrt{\dfrac{\beta_{\mathrm{p}}}{\beta_{\mathrm{n}}}}} \qquad (3.10)$$

V_{M} 的值是跨导率 $\sqrt{\dfrac{\beta_{\mathrm{p}}}{\beta_{\mathrm{n}}}}$ 的函数。电路设计人员无法调整晶体管的 k' 值,但是他们可以通过选择上拉和下拉 W/L 来调节跨导率。

$\beta_{\mathrm{p}}/\beta_{\mathrm{n}}$ 也对噪声容限有影响。逻辑门的可靠性必须考虑到器件导通和截止时的可靠性:器件的栅极导通应该是特别稳固地导通,器件截止就应该可靠地截止。我们可以利用传输曲线和中间电压 V_{M} 的分析,在一定程度上捕获这一属性。中间电压是晶体管阈值电压的函数,降低阈值电压可使中间电压降低,从而降低噪声容限。

3.4 延迟

现在我们已经有一定的基础来分析反相器的延迟。我们将从一个晶体管电阻模型开始,来构建一个简单的 RC 延迟模型 [Mea79]。之后我们会考虑大负载的影响,然后将分析逻辑电平与噪声之间的关系。

3.4.1 晶体管模型

为了计算反相器的延迟,我们需要对晶体管的行为进行建模。2.4.3 节中所描述的晶体管的相关表达式尽管已经在实际使用的晶体管的基础上进行了简化,但是对于逻辑电路的设计来说,这些表达式仍然十分复杂。

通过将晶体管等效为电阻,我们能够更深入地理解反相器的工作原理。更具体地,我们可以将它等效为电阻和开关的连接,如图 3-12 所示。其中,开关由逻辑门的电压进行控制,当栅极电压小于阈值电压时,开关断开,晶体管建模为一个开路电路。当 $V_{\mathrm{gs}} > V_{\mathrm{t}}$ 时,开关闭合,晶体管建模为源极和漏极之间的一个电阻。上述模型完全忽略了晶体管线性区与饱和区的区别,同时也忽略了在饱和区电流不依赖于沟道电压的事实。尽管如此,只要我们选取合适的**有效电阻**,仍能够计算出延迟的精确值。

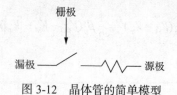

图 3-12 晶体管的简单模型

如图 3-13 所示，通过漏极特性曲线上的两点，可以计算出晶体管的有效电阻。我们通常关注曲线上 $V_{gs}=V_{DD}$ 的点，因为此时晶体管能为逻辑电路输出最大的电压值。此时，我们假设 $V_{SS}=0$，并且将 V_B 记为 $V_B=V_{DD}-V_t$。p_{lin} 点表示晶体管位于线性区，该点位于线性区两端的中点处：

$$V_{lin} = \frac{V_{ds}}{2} = \frac{V_B}{2} \qquad (3.11)$$

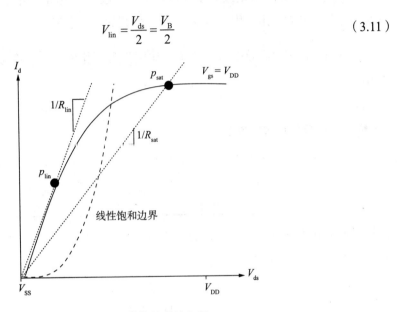

图 3-13　晶体管的等效电阻

等式的最终形式来自于两个替换：栅极与 V_{DD} 相连并假设 V_{SS} 为零。之后计算该电压下的电流要么参考曲线，要么在晶体管方程中用 $V_{ds}=V_{in}$ 替代：

$$I_{lin} = \beta[(V_{gs}-V_t)V_{ds} - \frac{1}{2}V_{ds}^2] = \beta[\frac{1}{2}V_B^2 - \frac{1}{8}V_B^2] = \beta\frac{3}{8}V_B^2 \qquad (3.12)$$

我们也可以用饱和区域的中点 p_{sat} 代入操作区域：

$$V_{sat} = V_{ds} + \frac{V_{DD}-(V_{ds}-V_t)}{2} = V_{DD} - \frac{V_t}{2} \qquad (3.13)$$

$$I_{sat} = \frac{1}{2}\beta(V_{gs}-V_t)^2 = \frac{1}{2}\beta(\frac{V_{DD}-V_t}{2})^2 = \beta\frac{1}{8}V_B^2 \qquad (3.13a)$$

电阻定义为 $R=V/I$，由此可以计算出每一点的电阻值：

$$R_{lin} = \frac{V_{lin}}{I_{lin}} = \frac{4}{3\beta V_B} \qquad (3.14)$$

$$R_{sat} = \frac{V_{sat}}{I_{sat}} = \frac{2V_{DD}-V_t}{\beta V_B^2} \qquad (3.15)$$

之后用这两个电阻值的平均值作为晶体管的有效电阻：

$$R_t = \frac{R_{\text{lin}} + R_{\text{sat}}}{2} = \frac{10V_B + 3V_t}{6\beta V_B^2} \qquad (3.16)$$

我们使用 R_t 指代 N 型或 P 型晶体管中的一般有效电阻。当要求特指时，用 R_n 表示 N 型晶体管的有效电阻，用 R_p 表示 P 型晶体管的有效电阻。

由 β 可以体现出有效电阻与 L/W 的比例关系：当 W 增大一倍时，晶体管的有效电阻减小一半。

例 3.1 晶体管有效电阻

我们能够计算 N 型和 P 型晶体管的有效电阻。器件的跨导值和阈值电压为：

N 型晶体管	$k_n' = 200\mu\text{A/V}^2$	$V_{t,n} = 0.5\text{V}$
P 型晶体管	$k_p' = 50\mu\text{A/V}^2$	$V_{t,p} = -0.5\text{V}$

P 型晶体管有更低的跨导值，因为空穴比电子有更低的有效迁移率。假设 $V_{DD}=1.2\text{V}$，$W/L=1$，则有效电阻为：

$R_n = 14.5\,\text{k}\Omega$
$R_p = 57.8\,\text{k}\Omega$

例 3.2 R_t 的灵敏度

掺杂、氧化层厚度等基本器件参数在生产过程中的变化会表现出更高层次的参数（如 R_t）发生变化。举个例子，对于工作在 1V 电压下标准参数为 $V_t=0.5\text{V}$、$k'=8.1\times10^{-4}\text{A/V}$ 的晶体管，当 V_t 值发生变化（波动 ±20%）时，R_t 对应值的变化范围为：

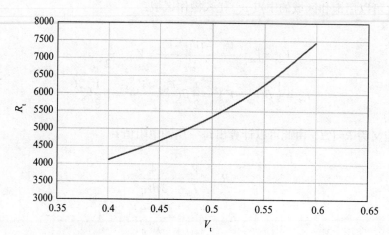

可见，在 V_t 值波动 ±20% 时，有效电阻几乎两倍改变。k' 在 ±20% 变化时，R_t 也有相同的结果。

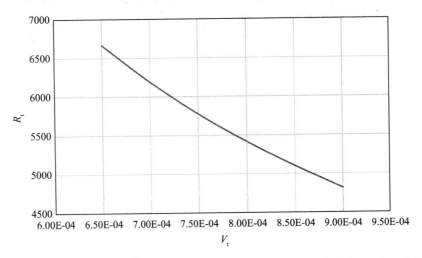

在这个例子里，值得注意的是，R_t 改变了至少 50%，但是有效电阻对 k' 的敏感度低于 V_t。

3.4.2　RC 模型的延迟

通过用反相器的输出波形来测量延迟，有助于理解延迟。如图 3-14 所示，我们可以选择起始电压和结束电压，从而可以测量门电路的输出从起始值到最终值所需的时间。我们可以测量波形上升（0→1）和下降（1→0）的延迟：

- **上升时间**是指输出上升至逻辑 "1" 电平的时间。
- **下降时间**是指输出下降至逻辑 "0" 电平的时间。

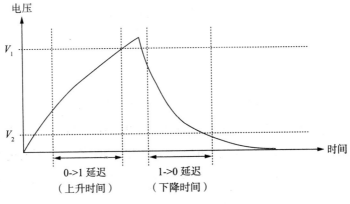

图 3-14　通过波形测量延迟

上升和下降时间一般是不相等的。

为了确定反相器的延迟，需要知道反相器的输出端连接了什么。在实际应用中，门电路的输出端一般与另一个门连接。输出端连接的门电路给前一级的门引入了一个电容性负载，如图 3-15 所示。电容来自第二个反相器中两个晶体管的栅极电容：

$$C_L = C_{g,p} + C_{g,n} \tag{3.17}$$

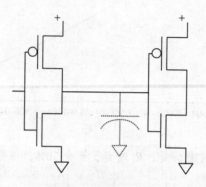

图 3-15   反相器的电容性负载

图 3-16 呈现了用开关型电阻对反相器的建模。假设在任何给定时间都只有一个开关闭合。如果输入电压为 0，那么 P 型晶体管闭合而 N 型晶体管断开；如果输入电压是 V_{DD}，则 N 型晶体管闭合而 P 型晶体管断开。这个假设将电路简化为单个电阻和电容，大致相当于假设栅极电压是一个完美的阶跃函数。

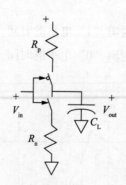

图 3-16   用开关型电阻对反相器建模

图 3-17 显示了完整的反相器电路模型由 $1 \rightarrow 0$ 的延迟情况。对于 $0 \rightarrow 1$ 的情况，有效电阻为 R_p，电压源 V_{DD} 接入开关与电容之间。用于 RC 延迟分析的更典型的模型，是用步进电压源代替开关和固定电压源。如图 3-18 所示，我们的开关电阻模型能更直接地映射到反相器上。

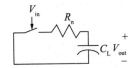

图 3-17   反相器的 RC 模型延迟

对该电路模型最简单的类比是填充一个游泳池，如图 3-19 所示。单位时间内流经软管的水量就好比是电流，水塔的高度决定了水的压力，这就类比于电压。要么用一个更大的软管（等价于一个有更低有效电阻的晶体管）要么增加水塔的高度（等价于增大电源电压值），我们可以增加水流量。我们需要填充的游泳池的大小类比于负载电容。

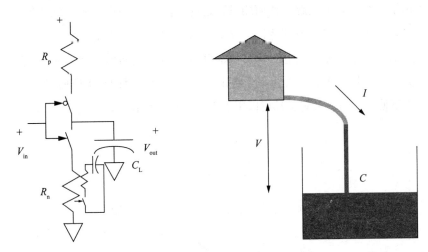

图 3-18   RC 延迟电路与开关电阻反相器的关系   图 3-19   延迟的水塔模型

我们将首先求出一个门电路输出波形作为时间函数的表达式，之后，将确定与离散输出电平有关的波形与延迟之间的度量关系。流经电容与电阻之间的电流值是相等的，据此可以写出整个环路电路关于电压的表达式为：

$$V_{DD} = R_t i(t) + V_c(t) \tag{3.18}$$

流经电容的电流为：

$$i_c = C_L \frac{dV_c}{dt} \tag{3.19}$$

因此

$$V_{DD} = R_t C_L \frac{dV_c}{dt} + V_c(t) \tag{3.20}$$

为了求解这个微分方程，需要知道一个初始条件。如果计算下降时间，那么电容从 $V_c(0)$

$= V_{DD}$ 时开始放电。电容的电压也就是我们感兴趣的输出电压，输出电压是关于时间的函数：

$$V_{out}(t) = V_{DD} e^{-t/R_t C_L} \tag{3.21}$$

图 3-20 表明了输出电压的形式，它为指数衰减趋向于 V_{SS}，但永远达不到临界值。$R_t C_L$ 称为电路的**时间常数**，通常缩写为 τ。当 $\tau = R_t C_L$ 时，输出电压为 $V_{out}(\tau) = V_{DD} e^{-1} = 0.367 V_{DD}$。

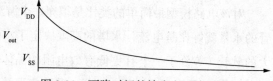

图 3-20　下降时间的输出电压波形图

事实上输出电压永远无法为零，从而引出了一个有趣的问题：如何测量延迟呢？图 3-21 说明了延迟的两种不同的定义。一种定义是门电路由最终值到达该最终值 50% 处所需要的时间，称为**延识**。另一种定义称为**转移时间**，是指输出端电压从其初始值的 10% 到初始值的 90% 所需要的时间（转移时间是另一种通用术语，等价为一个特定方向上的**上升时间**和**下降时间**）。两种定义在不同的条件下使用。每一种定义都可以用于定义上升时间和下降时间。

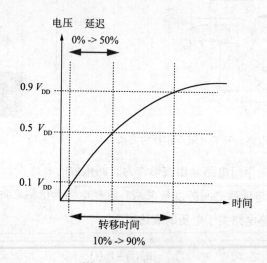

图 3-21　延迟的定义

我们可以找到延迟的简单方程。从下降时间的表达式开始：

$$0.5 V_{DD} = V_{DD}(e^{-t_{0.5}/R_t C_L} - e^{-t_0/R_t C_L}) \tag{3.22}$$

由于 $t_0 = 0$，

$$t_d = t_{0.5} = -R_t C_L \ln 0.5 = 0.69 R_t C_L \tag{3.23}$$

我们可以得到一个类似转移时间的简单表达式：

$$t_{rf} = 2.2R_tC_L \tag{3.24}$$

注意，我们不直接使用逻辑电平 V_L 和 V_H。虽然我们用它们来理解可靠性，但这些电平并不能为评估电路的动态性提供良好的边界。

要点 3.1

反相器延迟与 $\tau = RC$ 成比例。

例 3.3 反相器延迟

最小尺寸晶体管之一的栅极电容为 $C_g=0.89fF$，相同尺寸的 P 型和 N 型晶体管的栅极电容相同，总的负载电容为 $C_L=2C_g=1.8fF$。用延迟和转移时间的度量可以计算出下降时间，基于例 3.1 的有效电阻：

延迟（下降）	$t_d = 0.69 \times 14.5k\Omega \times 1.8fF = 18ps$
下降时间	$t_f = 2.2 \times 14.5k\Omega \times 1.8fF = 57ps$

用 P 型晶体管的有效电阻可以计算出上升时间：

延迟（上升）	$t_d = 0.69 \times 57.8k\Omega \times 1.8fF = 71ps$
上升时间	$t_r = 2.2 \times 57.8k\Omega \times 1.8fF = 229ps$

下图比较了反相器的电路仿真结果与 RC 近似下降的过渡结果：

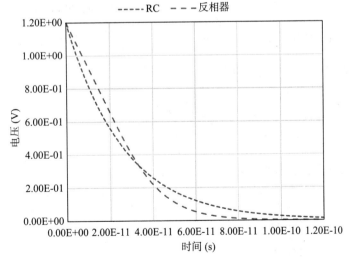

RC 模型表明了它与反相器的高度一致性。仿真使用的是简单的、长沟道的晶体管模型。更为复杂的仿真应考虑到短沟道效应，其结果显示与 RC 模型不太一致，但 RC 模型作为一个计算方法仍然是有用的。 •

电路设计者无法改变电压阈值或者跨导，但是他们可以分别选择每个晶体管的 W/L。

选择晶体管的尺寸来调节延迟称为**晶体管尺寸**。有效电阻与 $1/(W/L)$ 成比例关系。我们可以得到晶体管尺寸优化后的 $\hat{R}_t$ 与尺寸优化前的 R_t 之间的比例关系：

$$\frac{\hat{R}_t}{R_t} = \frac{\dfrac{10V_B + 3V_t}{6\dfrac{\hat{W}}{L}k'V_B^2}}{\dfrac{10V_B + 3V_t}{6\dfrac{W}{L}k'V_B^2}} = \frac{W/L}{\hat{W}/\hat{L}} = \frac{\hat{L}/\hat{W}}{L/W} \tag{3.25}$$

所以

$$R_t \propto \frac{L}{W} \tag{3.26}$$

门延迟与 R_t 成比例关系，因此可以通过增加晶体管宽度来降低门延迟。

要点 3.2

$$R_t \propto \frac{L}{W}$$

例 3.4 晶体管尺寸

我们给定一个 N 型下拉晶体管，其参数为 V_{tn}=0.5V、k_n'=80μA/V^2，反相器部分的参数为 V_{DD}=1.2V、C_L=5fF。如果令 W/L=1，$R_{n1} = \dfrac{10V_B + 3V_t}{6\beta V_B^2} = 36.1\text{k}\Omega$，那么可以改写下降时间的方程，作为晶体管大小的函数：

$$t_f = 2.2\frac{R_{n1}}{\left(\dfrac{W}{L}\right)}C_L$$

在晶体管尺寸范围内可以画出下降时间图：

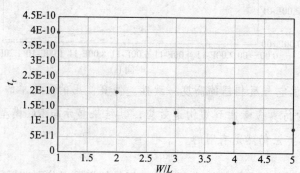

空穴更低的有效迁移率会带来严重的后果：如果 P 型晶体管与 N 型晶体管尺寸相同，那么低电流会导致更高的有效电阻，这使得上升时间远远大于下降时间。解决办法就是使 P 型晶体管更宽，我们需要以下条件：

$$t_r = t_f \qquad (3.27)$$
$$2.2R_pC_L = 2.2R_nC_L \qquad (3.28)$$

这就要求 N 型晶体管和 P 型晶体管的有效电阻相等。因为 $R_t \propto 1/\beta$，所以条件 $R_p/R_n = 1$ 意味着：

$$\frac{(W/L)_p}{(W/L)_n} = \frac{k_n^{'}}{k_p^{'}} \qquad (3.29)$$

3.4.3 驱动与负载

考虑一个逻辑门延迟的另一个简单方法，就是将它视作一个电流源。当任何一个晶体管处于饱和状态时，其输出电流与漏极 – 源极电压是相互独立的，所以可以将其看作是电流源。因为我们使用电流对反相器的输出端电容进行充电，更多的电流意味着对输出端电容的充电速度会更快。增加 N 型晶体管尺寸会减小 t_f，反之，增加 P 型晶体管的尺寸会使 t_r 减少。

不幸的是，当我们给一个逻辑门更大驱动时，会在其输入端呈现出更大的电容，从而降低前一个门的电压。如图 3-22 所示。增加 W/L，从而增加逻辑门的 C_g，这反过来又会增加前一级门的等效负载。通过让前一级逻辑门负载变大的办法，只会将这个问题变成另一个问题，但这样并不能解决问题。

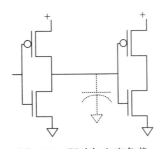

图 3-22　驱动与电容负载

当我们尝试片外通信时，会出现这种问题的极端情况。按照摩尔定律的发展进程，现实世界不会使最小尺寸晶体管的驱动电流成比例减小，而芯片边缘处的电容（如印制电路板）却保持不变。虽然我们可以使用更大的晶体管在芯片的输出端驱动外部负载，但这会对前一级的逻辑电路产生更大的负载。如图 3-23 所示，处理这个问题的最好方法是用具有级联形式的反相器，其中每个反相器呈现一个更大负载到前一级，并为其负载提供更多的驱动。

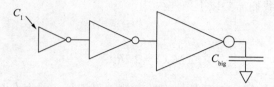

图 3-23   通过级联形式的驱动器驱动大负载

我们需要确定所需的级联级数以及每一级晶体管的尺寸 [Jae75]。我们假设每一级的驱动比率 i 是相同的：

$$\frac{W_{i+1}}{L_{i+1}} = \alpha \frac{w_i}{L_i}$$

（3.30）

我们想通过驱动器的级联形式来减少系统的总延迟。假设每一级具有相等的 α，这样就可以在各级之间均匀地分配延迟。假设 t_1 是第一级的延迟，C_1 是级联链中第一个反相器的电容，C_{big} 是最后一级的输出端电容，那么通过 n 个反相器级联的延迟是：

$$t_c = n \left(\frac{C_{big}}{C_1} \right)^{1/n} t_1$$

（3.31）

我们可以对最小化延迟求导，从而得到缓冲器的最少数量：

$$\frac{dt_c}{dn} = n \left(\frac{C_{big}}{C_1} \right)^{1/n} t_1 = 0$$

（3.32）

其中 n 由下面公式计算出：

$$n = \ln \frac{C_{big}}{C_1}$$

（3.33）

当我们在延迟公式中使用 n 值时，可以发现：

$$\alpha = e$$

（3.34）

因此，反相器级联的晶体管尺寸是呈**指数渐变**的。这是**阻抗匹配**的示例，也是电路设计中的基本现象。

3.5　功耗与能量

我们也想知道逻辑门消耗的能量和功率。完美的 CMOS 逻辑使得电子产品产生了变革，造就了便携式、电池供电的新一类设备。图 3-24 所示的 TRS-80 100 型，是使用

CMOS 微处理器的第一台计算机，这也是一款多年来在世界上最畅销的计算机。

图 3-24　TRS-80 100 型便携式计算机

在 TRS-80 100 型中使用的 CMOS 微处理器的竞争对手是用 nMOS 逻辑电路构建的微处理器。图 3-25 显示了一个 nMOS 反相器。上拉晶体管是一个通过掺杂而使得其处于常导通状态的增强型晶体管，栅极被上拉偏置，从而使得耗尽型晶体管等效为一个电阻。当输入变为低电平时，下拉晶体管关断，电阻器对输出电容充电，并且电流呈指数级衰减。当输入变为高电平时，下拉晶体管导通，并与上拉晶体管形成电阻分压器。在这种情况下，输出电压不会变为零，电流总是流过上拉晶体管和下拉晶体管。因此，nMOS 反相器会消耗大量的静态能量。CMOS 逻辑门在输出不转换时不消耗能量，因为上拉晶体管和下拉晶体管不能同时导通。

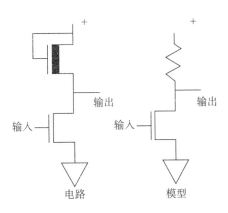

图 3-25　nMOS 反相器

逻辑门的能耗公式的形式非常简单。通过对电容充电或放电来产生转换状态。给电容充电的能量为 $\frac{1}{2}CV^2$，事实上，我们可以通过对加载在电容上的电荷所形成的电势差进行积分得到它：

$$E_c = \int_0^Q V(q)\,\mathrm{d}q = \int_0^Q \frac{q}{C}\,\mathrm{d}q = \frac{1}{2}\frac{Q^2}{C} = \frac{1}{2}CV^2 \qquad (3.35)$$

电容器放电所需要的能量是相同的。我们可以通过定义门的单位能耗来简化逻辑门的能耗公式，并将它作为一次上升和一次下降所需的能量。逻辑门的**开关能耗** E_s 如下：

$$E_s = E_{c,r} + E_{c,f} = C_L V_{DD}^2 \qquad (3.36)$$

值得注意的是，这个公式取决于输出端的负载电容，而不是驱动输出的晶体管的等效电阻。然而，它依赖的输出电容是由下一个门的晶体管的尺寸决定的。稍后我们可以看到，增加门的晶体管尺寸也会增加前级逻辑门的负载，从而潜在地减缓电流的增加。

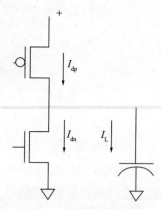

假设每次只有一个晶体管导通，严格意义上来说这是不正确的。在转换期间，两个晶体管都导通的短暂时间会产生**短路电流**。如图 3-26 所示，不是所有通过晶体管的电流都会给输出电容充电 [Aga07]：

图 3-26　反相器中的短路电流

$$I_{dp} = I_{dn} + I_L \qquad (3.37)$$

如图 3-27 所示，在上拉和下拉晶体管都高于其阈值电压的情况下，逻辑门在该区域中会传导短路电流。短路电流可能会因为以下任意一个或几个因素而变大：

- 更小的负载电容意味着该电容器需要更少的电流，因此由晶体管产生的电流中的更多部分必须分流到短路路径中。
- 更大的晶体管跨导会产生更多的电流，其中一些并不需要对电容进行充电或放电。
- 更慢的输入转换意味着晶体管处在短路区域中的时间会更多。

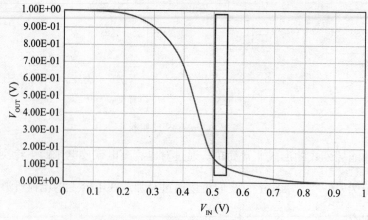

图 3-27　传输曲线上的短路区域

因为短路电流要求两个晶体管都导通，所以如果阈值电压足够低，它将变为零：

$$V_{DD} < V_{tn} + |V_{tp}| \qquad (3.38)$$

形成负载电容的电容器也随时间缓慢地泄漏电荷，从而导致一些功率消耗。

一个逻辑门进行逻辑操作所消耗的总能量称为动态能量 E_d，它由转换能量和短路能量两个主要的部分组成。

功率是单位时间内消耗的能量。如果我们知道转换所需要的时间，那么可以通过功率消耗的公式对它进行计算。我们称 f 为频率，它是由逻辑操作的执行速度决定的。一个逻辑门的转换功率消耗为：

$$P_s = f\, C_L V_{DD}^2 \qquad (3.39)$$

这个公式并不直接依赖有效电阻，但是实际上频率 f 依赖于晶体管的有效电阻。这表明了延迟和能量间的关系，要使逻辑门运行得更快，必须增加它的功率消耗。

延迟如何随着功率的变化而变化？对栅极和源/漏极都供电时，通过分析晶体管在其范围内的有效电阻，我们可以得到一个基本的关系：

$$R_{DD} = \frac{V_{sat}}{I_{sat}} = \frac{V_{DD}}{1/2\,\beta(V_{DD} - V_T)^2} \propto \frac{1}{V_{DD}} \qquad (3.40)$$

我们可以看到有效电阻导致 RC 延迟，并随供应电压线性变化。

对于逻辑门效率的一个简便度量表示是**速度－功率积**：

$$SP = \frac{1}{f}P = C_L V_{DD}^2 \qquad (3.41)$$

要点 3.3

$$P_d = f\, C_L V_{DD}^2, \quad SP = \frac{1}{f}P = C_L V_{DD}^2$$

许多逻辑门在逻辑值没有任何变化的情况下，依然会消耗能量，这称为**静态能耗**。一个门总的功率消耗是动态和静态能耗之和：

$$P_g = P_d + P_s \qquad (3.42)$$

早期的 CMOS 逻辑门几乎不消耗静态功率，体积小的现代 CMOS 器件即使在逻辑门输出没有变化的时候，也会消耗能量，正如我们在 2.4.4 节中讨论的泄漏机制那样。

我们不能像动态能量和静态能量那样用一个简单的公式来表示泄漏能量，因为它同时依赖于器件和电路的特性。

我们可以通过移除电源的方式来消除逻辑门的泄漏电流。在逻辑门工作过程中，我们可以对电路动态地接通或断开电源的连接。如图 3-28 所示，晶体管用作电源的管理开关，这个晶体管是一个特殊的、高阈值的晶体管，它必须添加到制作工艺中。外部的电源管理逻辑控制休眠（sleep）信号。电源管理逻辑可以决定一个给定的逻辑块不会在一个给定的间隔内使用，并且允许它安全地关闭逻辑以减少泄漏电流。

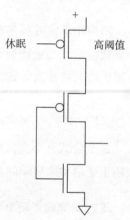

图 3-28　逻辑门的功耗管理

这个简单的指标表明，我们可以通过调整电源电压实现能量消耗和性能的均衡。当将式（3.40）与速度 – 功率积结合起来时，我们得到了一个惊人的结论：延迟随着电源电压线性增长，但是能量消耗随着 V_{DD} 的平方下降。这意味着如果我们可以忍受性能的下降，那么可以大幅度降低能量消耗。现代的计算机系统常使用**动态电压频率缩放**（Dynamic Voltage and Frequency Scaling, DVFS）来管理功率消耗，不是所有的应用都需要最大化性能。一个系统的性能需求会随着时间而变化，一台笔记本电脑的工作负载会根据用户运行的程序的不同而存在巨大的差别。现代处理器和操作系统会对系统的性能需求进行评估，然后将电源电压和时钟频率调整到满足当前性能需求所需要的最低水平。

即使对电路进行了精心的设计，泄漏电流依然是一个不可忽视的问题。在许多纳米级制造工艺技术中，漏电功耗大于动态功耗。当漏电功耗是一个主要问题的时候，计算机系统会使用不同的电源管理策略，这个策略称为**快速暗场**（race to dark）。当动态电压频率缩放（DVFS）把处理器降低到刚刚满足最低性能要求时，快速暗场就会以最快速度运行，一旦任务完成，就会尽快关闭逻辑电路。许多智能手机就是使用快速暗场实现功耗管理的。

3.6　缩放原理

摩尔定律纯粹是描述性的——它观察到晶体管的尺寸正以指数级速度减小。然而，较小的晶体管对逻辑电路的影响并没有立刻体现出来。虽然缩小晶体管的大小允许每个芯片能集成更多的晶体管，但并不能得出逻辑电路随着缩小而变得更快或者更慢的结论。在能量消耗上缩放效果也是同等重要的。1974 年，皮特·登纳德和他在 IBM 的同事们发表了一篇关于先进 MOS 数字电路的论文 [Den74]。在论文中，他们提出了一个电路的性能如何随工艺尺寸缩放而改变的模型。他们得到了一个令人吃惊的结果：缩小使逻辑门运行得更快（尽管导线传输变得更慢了）。

通过比较连续几代的制造工艺，我们发现每一代新的工艺技术都**缩减**为前一代的 $1/x$。图 3-29 展现了登纳德的晶体管缩放模型。所有的几何尺寸都缩小了 $1/x$：包括晶体管的长度、宽度以及栅极氧化物的厚度。同时也将电源电压缩小了 $1/x$。为了让设备参数达到合理的水平，我们必须提高掺杂的浓度。因此得到了以下几个缩放关系：

$$\hat{W} = W / x \tag{3.43}$$

$$\hat{L} = L / x \tag{3.44}$$

$$\hat{N}_{\mathrm{d}} = N_{\mathrm{d}} x \tag{3.45}$$

$$\hat{V}_{\mathrm{DD}} = V_{\mathrm{DD}} / x \tag{3.46}$$

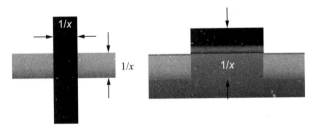

图 3-29   登纳德等人的晶体管缩放模型

给定这些关系，我们可以确定栅极电容的缩放：

$$C_{\mathrm{g}} = \frac{\varepsilon_{\mathrm{ox}} W L}{t_{\mathrm{ox}}} \tag{3.47}$$

$$\frac{\hat{C}_{\mathrm{g}}}{C_{\mathrm{g}}} = 1 / x \tag{3.48}$$

我们还可以计算饱和漏极电流是如何进行缩放的：

$$\frac{\hat{I}_{\mathrm{d}}}{I_{\mathrm{d}}} = \frac{\hat{k}'}{k'} \frac{\hat{W}/\hat{L}}{W/L} \frac{\left(\hat{V}_{\mathrm{gs}} - \hat{V}_t\right)}{\left(V_{\mathrm{gs}} - V_t\right)} = \frac{1}{x} \tag{3.49}$$

登纳德等人模型的逻辑门的延迟时间为：

$$t = \frac{CV}{I} \tag{3.50}$$

这是一个 RC 门延迟的合理近似估计。我们可以使用下面这个定义来确定性能如何缩放：

$$\frac{\hat{t}}{t} = \frac{\hat{C}\hat{V}/\hat{I}}{CV/I} = \frac{1}{x} \tag{3.51}$$

这个结果意味着逻辑门的缩放使得速度实际上变快了。图 3-30 有助于解释为什么每个晶体管输出的电流缩放为 $1/x$。每个晶体管驱动的负载取决于栅极电容的面积，它的缩放速度更快，为 $1/x^2$。由于负载下降速度快于驱动降低的速度，所以使得逻辑门运行得更快。

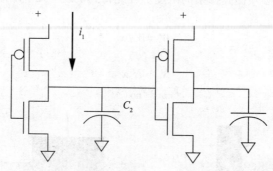

图 3-30　负载和驱动电流

功耗也随缩放而得到了改进。因为 $P=VI$，功率缩放为 $1/x^2$，速度 - 功率积的缩放速率为 $1/x^3$。**功率密度 D_p**，即单位面积的功率，随着缩放而保持恒定。如果功率密度增大，那么芯片将会随着单位面积的缩放而消耗越来越多的功率，这将导致各种问题。功率密度不会随缩放而提高，但也不会变差。

导线的状况并没有那么理想。图 3-31 表明了登纳德等人的导线缩放模型：导线的长度、宽度和厚度等尺度都缩减为 $1/x$。登纳德使用导线电阻作为导线延迟的度量。我们知道导线的电阻 R 为：

$$R = \rho \frac{L}{A} \tag{3.52}$$

式中 ρ 是材料的电阻率，而 L 和 A 分别是导线的长度和横截面面积。电阻缩放为：

$$\frac{\hat{R}}{R} = \frac{\hat{L}/\hat{A}}{L/A} = x \tag{3.53}$$

这意味着导线电阻随着尺寸缩减而增大。导线电流密度 I/A 随着 x 的增大而增加，这意味着导线随着尺寸缩减而会导致更大的电流，它增加了电路损坏的可能性，因为尺寸越来越小的导线需要承受越来越大的电流。稍后我们将看到，登纳德关于导线延迟的结果实际上是乐观的——更详细的模型显示延迟实际上是导线长度平方的函数。

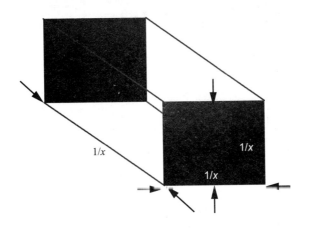

图 3-31　登纳德的导线缩放模型

更糟的是，缩放理论预测导线延迟相对于门延迟将增加，因为逻辑门的 RC 时间常数缩放为 $1/x$。事实上，这种预测已经实现——在许多逻辑设计中，线路延迟大于逻辑门延迟。

我们将看到，近年来有多种因素导致登纳德的缩放模型失效。理想缩放模型的失效已经给功耗和发热方面带来了新的问题。

例 3.5　实际中的缩放

缩放在实际中效果如何？以下是在 ITRS 路线图中，对于几代工艺技术，微处理器性能的实际值：

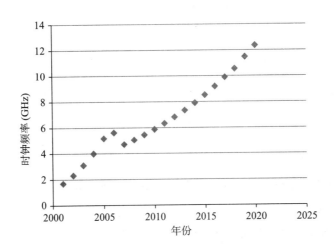

与门延迟相关的频率按照经典尺度的预测呈指数级增长。然而，功耗有明显增加：

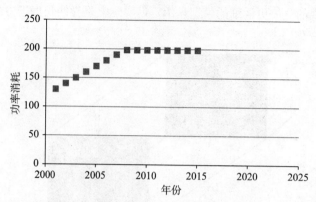

这些是高端微处理器的一些数据，低功耗应用芯片也有类似的趋势。功耗在很大程度上受限于在封装中降低热量的能力。

由于功率增加快于芯片面积的增加，所以功率密度在不断增加，这与经典缩放理论相违背。我们稍后将看到功耗增加产生的物理效应。

还可以看到，电源电压近年来没有按预测的那样缩小：

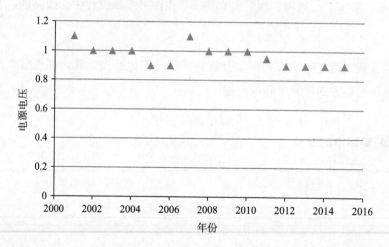

3.7   可靠性

我们希望逻辑门能够可靠地运行。我们经常假设计算机运行没有错误，但事实并非如此。在 2.3.2 节中看到随机性是任何一个物质的基本行为。

数字电路的可靠性的一个基本定义是其输出值不会意外地改变。热能总是在一定程度上能激发出一些电子。我们希望设计出这样的逻辑电路，不会让足够多的电子获得足够的热能（或收到来自其他外部能源的能量），从而不会让电子从应该在的位置跑到不想让它们到达的位置。如图 3-32 所示，在截止状态中 MOSFET 的能带会作为**能量势垒**。在晶体管截止状态时，从源极移动到漏极的电子将成为噪声的来源。对于电子来说，它必须有足够多的能量来克服源 / 漏极沟道带之间的能量差。

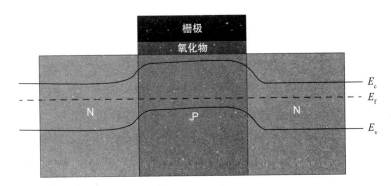

图 3-32　在晶体管中作为势垒的能带

虽然集成电路有许多噪声源，但这里将集中研究热噪声。我们可以表示噪声达到给定水平的概率 [Lan61; Key70]：

$$P_{err} = e^{-E_b/kT} = e^{-qV/kT} \tag{3.54}$$

这个公式是基于第 2 章中电子能量的指数分布的。

要点 3.4

由热力学噪声引起的错误率可以建模为 $P_{err} = e^{-E_b/kT}$

我们可以在最坏情况下，检验用于表示一位的能量问题。假设使用一个电子来表示一位。为了达到提供存储一位所需的最小能量这一乐观估计，假设一位的误差概率为 $P_{err} = 0.5$，换句话说是一位变化的概率为 50%。虽然这种误差概率在实际系统中将高得让人难以接受，但它可以为我们评估表示一位所需的能量提供一个最小标准。在这种情况下，最小位能量为 [Key70]：

$$E_b = kT \ln 2 = 0.7kT \tag{3.55}$$

例 3.6　误差率和功耗

我们可以将最坏情况下模型的误差率与典型情况下的误差率进行比较。在室温下，最坏情况模型每位具有的能量为：

$$E_b = 2.8 \times 10^{-21} J$$

相比之下，在一个典型的反相器中，我们需要找到改变一位需要多少能量？这相当于找到栅极的输出电容所存储的能量值。假设 $C_L = 1.8\text{fF}$，由于对电容器充电或放电所需的能量为 $1/2CV^2$，因此在 1V 电源电压下改变一位所需的能量为：

$$E_b = \frac{1}{2}(1.8\text{fF})(1\text{V})^2 = 0.9\text{fJ} \tag{3.56}$$

这种能量比理想化的情况高出约 10^5。能量在这种数量级下，错误概率 $_{\text{err}} = e^{-0.9 \times 10^{-15}/kT} \approx 0$。

我们还可以从这些 E_b 值中估计出芯片功耗。假设计算机有 $n_d = 1 \times 10^9$ 个器件，且它们的运行速率为 1×10^{-9}s。芯片总功耗为 $E_b n_d f = 0.0028$W，这比现代高端芯片的实际功耗要小几个数量级，它们功耗范围普遍在几十和几百瓦之间。然而，这个芯片也将是完全无用的：因为在十亿数量级逻辑门中一半将在每个周期内都出错，这会使每秒出现十亿次错误。

相反，我们的电容器模型预测芯片将消耗 900 W 的能量，这个数字有点高——服务器 CPU 可能会消耗几百瓦的功率。然而，实际上 CPU 中的所有晶体管并非在每个时钟周期内都改变状态。将逻辑活动情况考虑在内时，估计值更接近实际的功耗值。

一些理论研究已经提出了一个计算模型，它的计算能量甚至比 $k T \ln 2$ 极限更少。例如，班尼特 [Ben73] 展示了如何制定一个可逆的图灵机。通过使用可逆转的操作，机器可以避免消耗能量。量子计算机是寻找可以执行这些低能量可逆计算的物理机器的一种努力，我们将在第 7 章讨论这种方法。

3.8　小结

- 性能、能量 / 功率和可靠性是逻辑门的 3 个关键特性。
- 静态分析告诉我们如何选择逻辑电平，它可以确定电压和布尔值之间的关系。
- 逻辑门是放大器。
- 逻辑门的性能可以通过上升 / 下降时间来表征，其可以使用 RC 模型来估计。
- 逻辑门的动态能耗是在改变输出时，逻辑门消耗的电流所产生的。动态能耗不直接取决于驱动晶体管的尺寸，仅取决于容性负载和电源电压的大小。
- 静态能耗是由泄漏电流产生的，亚阈值传导是泄漏电流的主要组成部分。
- 逻辑门的可靠性受到许多因素的影响。若想使逻辑门能更可靠地运行，通常需要消耗更多的能量。

习题

3-1 假设 $k' = 150\mu A/V^2$，$V_t = 0.5V$，$W/L = 1.5$，$V_{gs} = V_{DD} = 1.2V$，找出以下两点的漏极电流：

    a. 饱和区的中点。

    b. 线性区的中点。

3-2 计算这些晶体管的有效电阻（假设 $W/L = 1$）：

    a. N 型，$V_{tn} = 0.5V$、$k'_n = 80\mu A/V^2$、$V_{DD} = 1V$。

    b. N 型，$V_{tn} = 0.4V$、$k'_n = 200\mu A/V^2$、$V_{DD} = 1.2V$。

    c. P 型，$|V_{tp}| = 0.4V$、$|k'_p| = 35\mu A/V^2$、$V_{DD} = 1V$。

    d. P 型，$|V_{tp}| = 0.55V$、$|k'_p| = 80\mu A/V^2$、$V_{DD} = 1.2V$。

3-3 一个逻辑门的参数如下：$R_n = 6.5k\Omega$、$C_L = 0.9fF$、$V_L = 0.55V$、$V_H = 0.65V$、$V_{DD} = 1.2V$。

    a. 绘制在 [0,18 ps] 范围内 RC 电路由高到低转换的波形。

    b. 逻辑门的输出 X 是在什么时间范围内？

3-4 一个逻辑门的参数如下：$R_p = 35k\Omega$、$C_L = 4fF$、$V_L = 0.25V$、$V_H = 0.7V$、$V_{DD} = 1V$。

    a. 绘制在 [0,350 ps] 范围内 RC 电路由低到高转换的波形。

    b. 逻辑门的输出 X 是在什么时间范围内？

3-5 使用延迟的 20% ～ 80% 定义来推导延迟的公式。

3-6 假设最小宽度晶体管的电阻为 $6.5k\Omega$，最小宽度晶体管的电容为 $0.9fF$，反相器的 W/L 范围是从 $1 \sim 5$，根据以下条件绘制 RC 模型 10% ～ 90% 的延迟：

    a. 负载电容恒定为 $1.8fF$。

    b. 负载电容等于 2 倍驱动晶体管的逻辑门电容。

3-7 晶体管的有效电阻为 $6.5k\Omega$。当它的负载电容变化范围为 $1.8 \sim 9fF$ 时，绘制反相器 RC 模型的 10% ～ 90% 延迟。

3-8 晶体管的有效电阻为 $R_n = 10k\Omega$，逻辑门的电源为 1V，当其负载电容变化范围为 $2 \sim 10fF$ 时，绘制从 0 到 1 的转换所需的能量。

3-9 计算 $R_n = 20k\Omega$、$R_p = 85k\Omega$、$V_{DD} = 1.0V$、总负载电容为 $2fF$ 时反相器的 RC 延迟：

    a. 上升时间。

    b. 下降时间。

    c. 0 ～ 50% 的上升延迟。

    d. 0 ～ 50% 的下降延迟。

3-10 绘制晶体管尺寸为 $1 \leqslant W/L \leqslant 5$ 时，参数如下的下降时间函数：

    a. $V_{tn} = 0.5V$、$k'_n = 80\mu A/V^2$、$V_{DD} = 1V$、$C_L = 3fF$。

    b. $V_{tn} = 0.6V$、$k'_n = 200\mu A/V^2$、$V_{DD} = 1.2V$、$C_L = 3fF$。

3-11 绘制晶体管尺寸为 $1 \leqslant W/L \leqslant 5$ 时，参数如下的上升时间函数：

    a. P 型，$|V_{tp}| = 0.5V$、$|k'_p| = 35\mu A/V^2$、$V_{DD} = 1V$、$C_L = 4fF$。

    b. P 型，$|V_{tp}| = 0.6V$、$|k'_p| = 60\mu A/V^2$、$V_{DD} = 1.2V$、$C_L = 5fF$。

3-12 给出了反相器的上拉和下拉晶体管、负载电容和电源电压的参数。如果 N 型晶体管的 $W/L = 1$，那么 P 型需要什么样的 W/L，才可以使上升时间至少与下降时间一样快？计算出的 W/L 要四舍五入取整。

    a. $V_{DD} = 1V$、$C_L = 4fF$、N 型 $V_{tn} = 0.5V$、$k'_n = 150\mu A/V^2$、P 型 $|V_{tp}| = 0.5V$、$|k'_p| = 35\mu A/V^2$。

    b. $V_{DD} = 1.2V$、$C_L = 5fF$、N 型 $V_{tn} = 0.55V$、$k'_n = 120\mu A/V^2$、P 型 $|V_{tp}| = 0.55V$、$|k'_p| = 40\mu A/V^2$。

3-13 晶体管的 $V_{tn} = 0.45V$、$V_{tp} = -0.5V$、$k_n' = 140\mu A/V^2$、$k_p' = 30\mu A/V^2$，使用这些参数以及 1V 的电压电源和 $W/L=1$ 的晶体管的反相器，计算 V_M。

3-14 一个有 2pF 电容的驱动器，它可以驱动六级最佳缓冲器链电路的最佳负载是多少？

3-15 在 0.7 ~ 1.2V 的电源电压范围内，绘制栅极的速度 – 功率积，其中 $R_n = 6.5k\Omega$、$R_p = 15k\Omega$、$C_L = 2fF$。

3-16 绘制登纳德缩放六代工艺技术，每个缩放为 1/2。在第一代中，假设延迟为 20ns，功率为 10μW。

　　　a. 延迟，第一代延迟是 20ns。

　　　b. 功率，第一代功率是 10μW。

3-17 为什么登纳德模型门延迟为 CV/I？这个模型与指数 RC 模型相比如何？

3-18 给定的工艺技术具有 $t = 50ps$ 的理想缩放参数。如果连续两代工艺技术以 $1/x = 1/1.5$ 的比例缩放，则在三代缩放之后理想的缩放延迟将是多少？

3-19 在 1974 年，最小尺寸的晶体管是 12μm，逻辑门延迟是 1μs，芯片功耗为 1.3W。在 25 代后，每次产生 $x = 2$ 的缩放，那芯片的逻辑门延迟和功耗应该是多少？

3-20 在 1V 的电压上，一位存储 30fF 的电容值，那么这个位的电量是多少？

时 序 机

4.1 引言

在本章中，将构建用于开发计算机的更低一级的抽象层时序机，即离散时间域的抽象。本章将从详细分析组合逻辑块的性能、能耗和可靠性开始，这些是时序机的核心。4.3 节将讨论导线的属性，其非理想特性造成了重大问题。4.4 节介绍基于输入序列的时序机的设计。

4.2 组合逻辑

可用的机器需要多个门来构建。逻辑门的电路网络提供了构建复杂函数的可能性。**组合逻辑**执行布尔函数的功能，然而它却没有记忆功能。4.2.1 节、4.2.2 节将介绍组合逻辑行为的基本模型和电路结构。4.2.3 节和 4.2.4 节研究其增益及其与可靠性和延迟之间的关系。4.2.5 节考虑逻辑电路中延迟与功率之间的关系。4.2.6 节介绍信号完整性的概念。4.2.7 节讨论电源噪声对可靠性的影响。4.2.8 节讨论门的输入和输出之间耦合的影响。

4.2.1 事件模型

使用离散值表示电压波形，提供了一个强有力的关于时间的抽象——**事件模型**。由于用一定的电压范围分别表示逻辑 0 和 1，所以不需要关心逻辑门输出端的精确电压，可以专注于这些值何时在定义的离散值 0、1 和 X 之间变化。我们把信号离散值的变化称为**事件**。事件也常指信号的**变化**，事件是通过一对逻辑值 / 时间值进行建模的：

$$E = \langle v, t \rangle \tag{4.1}$$

如图 4-1 所示，可以从事件的角度考虑门的操作。如果门的输入不改变它们的离散值，则在正常操作中输出也不会改变。当输入事件发生时，它会生成输出事件。我们在决定输出事件的确定时间时，需要考虑延迟。如果门延迟为 δ，若输入事件在时间 t 产生，那么输出事件在时间 $t + \delta$ 发生：

$$E_i = \langle v_i, t \rangle \rightarrow E_o = \langle v_o + t + \delta \rangle \tag{4.2}$$

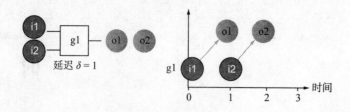

图 4-1　逻辑门事件

输入与输出事件之间的时间可以通过延迟模型来表示，例如，固有延迟或者传输延迟。

我们经常希望在不参考详细波形的条件下确定延迟。**固有延迟**和**传输延迟**这两个逻辑级的延迟模型都广泛使用。两者都假设其延迟是一个与波形的确切形式无关的值。但它们在一个关键方面有所不同，固有延迟模型假设**毛刺**不会使输出发生任何改变。例如，如果门的输入短暂地从 1 变为 0，然后回到 1，并且毛刺的持续时间小于给定值，则假定门的输出根本不会发生改变。相反，传输延迟却会传播很短暂的毛刺。

4.2.2　网络模型

为了构建有用的系统，需要将门连接到一起构成**组合逻辑网络**，如图 4-2 所示。现在认为逻辑门的输入和输出值为 0 和 1。这里指逻辑门输入不是使用其他门反馈作为**原始输入**的；而逻辑门的输出不会连接到其他门作为**原始输出**。在此对逻辑门的值的离散表示，允许更抽象地处理组合逻辑中的值。

将组合网络的结构建模为图形，可以使用几个不同类型的图形符号，具体取决于应用。对于延迟分析，经常使用有向图：

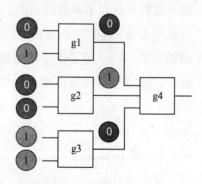

图 4-2　组合逻辑中的离散值

- 图中节点 N 是逻辑门组合 $g \in G$，原始输入 $i \in I$，原始输出 $o \in O$。
- 有向边 $n_1 \rightarrow n_2$ 表示信号从节点 n_1 流向节点 n_2。将这两个节点分别称为边的**源点**和**终点**。

为了功能分析和一些延迟分析，我们需要更多的细节：

- 图 4-2 中的节点 N 包括逻辑门的输入和输出引脚：$g_i \in G_i$，$g_0 \in G_0$，原始输入 $i \in I$，原始输出 $o \in O$。
- 一条有向边 $n_1 \rightarrow n_2$ 表示节点 n_1 到节点 n_2 间的信号流动。

经常将逻辑网络的结构称为**网表**。假设组合逻辑网络是**无环**的，即没有从逻辑门的输出到逻辑门中任何输入的路径。

事件模型使得复杂逻辑门的网络行为变得更容易理解。如图 4-3 所示，事件通过网络从输入到输出进行**传播**——逻辑门的输入事件会使逻辑门产生新的事件，并作为激励下一个逻辑门的输入事件。在逻辑门中，通过跟踪事件，可以确定网络中所有的逻辑值。事件导致逻辑中的事件级联：在原始输入中的事件决定与之相关联的门的输出，该事件导致下一个逻辑门输出处的值发生改变，等等，直到事件到达原始输出。

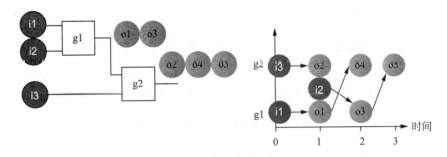

图 4-3 组合网络中的事件

组合逻辑并行执行所有的操作——所有逻辑门都同时运行。相反，C 语言程序完全按顺序执行。大多数并行编程语言都依赖于一定量的顺序行为。数字逻辑的高度并行性质是其计算能力的来源，但并行性也使其逻辑更难设计和调试。

主延迟度量是通过组合逻辑块的**最坏情况延迟**——是从任何输入到任何输出的最长延迟。最坏情况延迟确定了机器的整体性能。正如在第 5 章中将要讲到的，最坏情况延迟决定时钟周期。

图 4-4 所示的逻辑网络，建立了一个延迟模型图：每个逻辑门的节点标记有从输入到其输出的延迟；原始输入和输出具有 0 个标志；边指示了信号的流动方向。

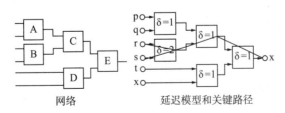

网络　　　　　　　延迟模型和关键路径

图 4-4 关键延迟路径

最坏情况延迟由图的**关键路径**决定。关键路径是从任意输入到任意输出的最长路径，一个网络可能有不止一条这样的路径。找到关键路径的一个简单方法是计算正向和反向路径。首先，将每个源输入点标记为 0，然后从源输入开始，从源到终点沿着边走，为每个节点 n 标识距离 d：

$$d(n) = \max_{c \in fanin(n)}(d(c)) + w(n) \tag{4.3}$$

$fanin(n)$ 函数返回所有作为源点的节点，这些节点的边终止于节点 n。接下来，在前向搜索中将原始输出值中的最大值设置为该点的值；向后搜索图形，并根据原始输出分配距离。任何具有 0 后向权重的原始输入都是关键的路径，在前向和后向路径上具有相同距离值的任何门也位于关键路径上。在该示例中，关键路径包括 B 的两个输入、C 的底部输入和 E 的顶部输入。

关键路径能帮助我们确定哪些门需要加速，从而减少逻辑网络的延迟。如果想加速逻辑电路，则必须加速形成关键路径**割集**（边的集合）的相关门，若想去除时，可切断从原始输入到原始输出的所有路径。如果关键路径具有多个分支，则只加速一个分支而保持其他分支不变，仍然会造成其他分支有严重的延迟。

如何为门分配延迟呢？简单的做法是使用每个门的最坏情况延迟。但很快就遇到了几个限制，如 3.4.2 节所见，门延迟取决于输出负载。悲观的假设是使用最坏情况的输出电容。正如在第 2 章中所阐述的，P 型晶体管比等同尺寸的 N 型晶体管产生更少的电流，这样门的上升延迟和下降延迟通常不对称。跟踪延迟值意味着必须找到产生最坏延迟的所有输入集合，这是一个棘手的问题。在少数情况下，可以发现上升及下降信号的某些组合并未发生。典型情况是一个反相器构成的链 [McW80]：当第一个反相器的输出下降时，第二个反相器的输出上升。级联反相器的输出不能同时上升和下降。设计师需要高度准确地分析组合逻辑关键块的时序，一般使用电路模拟器捕获影响延迟及交互的一系列物理现象。

还可以使用电路网络模型来模拟电路网络的功能。在这个例子中，节点建模为布尔函数。通过将逻辑值作用于原始输入，可以通过电路网络查找出原始输出的值。许多模拟器将功能模型与定时模型相结合，从而确定当信号通过电路网络传播时，信号发生的变化。

4.2.3　增益与可靠性

逻辑门是放大器，早期的真空管计算机也是这样的。放大会消耗能量，但有助于确保计算的完整性。

增益是放大的定量表示。增益通常是输入和输出电平之间的一种关系。例如，电压增益为：

$$A = \frac{V_{\text{out}}}{V_{\text{in}}} \tag{4.4}$$

（*A* 是放大器增益的传统符号。）如图 4-5 所示，可以从传输曲线中读取增益，增益是传输曲线的斜率。反相器传输曲线的斜率是负值，这表示反相器是一个反相放大器。反相器的增益在其工作范围内变化，我们通常对在传输曲线中心附近的增益感兴趣。可以通过调节两个晶体管的 *W/L*（长宽比）来控制反相器的电压增益。如果考虑漏极电流方程，增加晶体管宽度意味着可以在较低的 V_{ds} 处提供相同的电流。

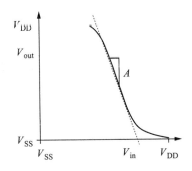

图 4-5 从传输曲线得到的反相器增益

反相器的一个简单模型是**饱和反相放大器**。图 4-6 比较了放大器的输入和输出电压。负增益对应放大器的反相特性：低输入电压产生高输出电压。为了简单起见，我们将使中心输出电压轴围绕供电电压的中点，电源电压为 ±*v*。如下所示：

$$\begin{aligned} V_{\text{out}} &= -AV_{\text{in}},\ -v \leqslant V_{\text{in}}/A \leqslant v \\ &= v,\ V_{\text{in}}/A < -v \\ &= -v,\ v < V_{\text{in}}/A \end{aligned} \tag{4.5}$$

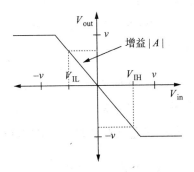

图 4-6 增益和逻辑电平

当达到电源电压时，放大器的输出饱和。可以看到放大器的增益如何将 V_{IL} 和 V_{OL}

转换为输出电平。

图 4-7 展示了不同增益是如何影响信号电平的:

- $|A| > 1$:在高增益时,反相器使输出信号更接近电源电压。当 $V_{in} = V_{IL}$ 时,输出电压的幅值将大于 V_{IL}。
- $|A| > 1$:在增益小于 1 时,输入电压 $V_{in} = V_{IL}$ 将产生幅值小于 V_{IL} 的输出电压。反相器的输出电压比其输入电压更接近未知的范围。

高增益使我们能够**恢复**逻辑电平,这是一个关于可靠性的重要性质。

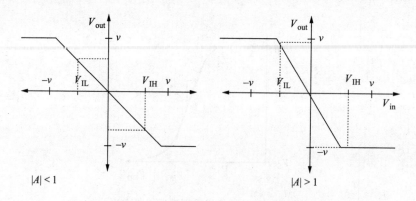

图 4-7   高低增益对信号电平的影响

4.2.4   增益与延迟

增益还能改善逻辑门的延迟,更高的增益产生更短的延迟。这些更短的延迟以增加能耗为代价,所以选择逻辑门的增益是设计优化的重要方面。

延迟是电路的动态特性,饱和放大器模型提供了一个用于理解级联逻辑延迟的简单工具。为了了解增益对延迟的重要性,从时间 t 开始,将使用从 V_{SS} 稳定增加到 V_{DD} 的电压作为输入。正如在第 3 章中讨论的,与用来推导 RC 延迟模型的步进输入相比,阶跃输入是输入信号一个更现实的模型。

图 4-8 展示了反相器对不同增益 A 值的反应。首先,$|A| = 1$,输出电压等于输入电压的负数。这意味着反相器输出从 1 变为 X 所需的时间与输入从 0 变为 X 所需的时间相同。反相器单位增益意味着它保持了包含在斜坡信号中的延迟。

当使用饱和反相器模型时,可以写出 n 个反相器的延迟:

$$V_{out}(n) = (AV_{in}(0))^n \tag{4.6}$$

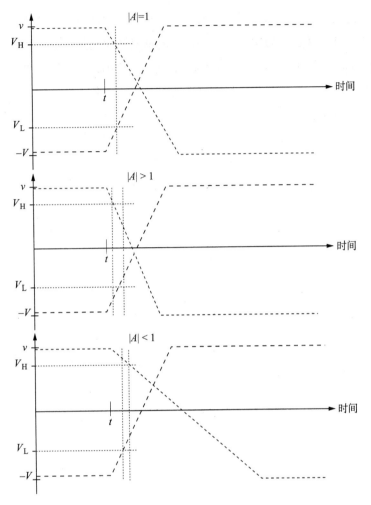

图 4-8　反相器的斜坡响应

当反相器的增益大于 1 时，输出波形的斜率比输入更陡。这意味着输出端从 1 到 X 转换的时间比输入从 0 跳变到 X 所需的时间短。如果反相器的增益小于 1，则输出端的转换比输入端的转换需要更长的时间。在这种情况下，逻辑门已经减慢了信号。

比式（4.6）还糟糕的情形指出——增益取决于输入的斜率，因此缓慢上升的输入降低了门的增益并且增加了延迟。用一个假设理想的阶跃函数来简化分析。理想的阶跃信号连接到两个晶体管的栅极，这将导致一个晶体管导通，另一个晶体管立即截止。然而，门在实际中接收不到理想波形，如图 4-9 所示。一个门的输入信号来自于另外一个门的输出，因此实际输入需要时间从一个逻辑电平转换到另一个电平。

斜坡输入电压信号的结果是使晶体管的导通和截止更慢，减少了可用于驱动输出的电流。考虑输入到反相器的输入上升情况，这将导致其 N 型晶体管导通。图 4-10 显示了两种情况：快速上升的输入和缓慢上升的输入。在第一种情况下，晶体管的栅极电压将随着输入快速上升，这是因为这样能使漏极电流迅速增加到其可能的最大值，即在 $V_{gs} = V_{DD}$ 时的饱和电流。当门的输出电容开始放电时，V_{ds} 减小，导致漏极电流下降。当晶体管处于饱和状态并且其栅极电压处于最高值时，晶体管承载负载的能力最大。当输入缓慢上升时，栅极电压也缓慢上升时。在这种情况下，晶体管处于饱和状态并从负载中消耗电流，但是这是以比栅极电压为 V_{DD} 时的更低速率进行的。因此，漏极电压随着输入上升而显著下降。当输入电压达到 V_{DD} 时，漏极电流接近于线性区边界。这意味着晶体管花费更少的时间到达最大电流，转换减慢。

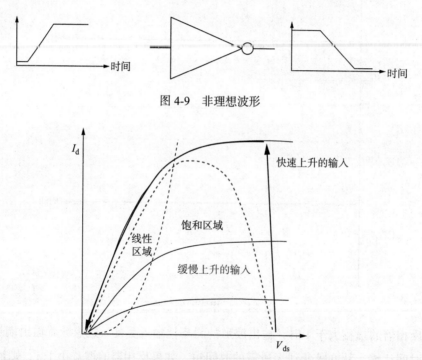

图 4-9　非理想波形

图 4-10　快速上升和缓慢上升的输入期间晶体管的电流轨迹

　　图 4-11 比较了逻辑门对阶跃和斜坡输入时的响应。输出电压最初一直较高，因为输入电压尚未上升到足够高以打开下拉门。一旦下拉门达到其阈值电压，其漏极电流缓慢增加，造成响应的肩峰。

　　许多其他逻辑系列，特别是那些与其他类型的晶体管一起构建的逻辑系列，并没有表现出与这种斜率几乎相同程度的延迟。例如，与双极型晶体管相比，MOS 晶体管不具有大的增益。如基于双极晶体管的 TTL 逻辑门，具有足够大的增益，能使其输出斜率与输入斜率无关。而 CMOS 门的相对低的增益使我们要特别注意门的增益和晶体管的尺寸。

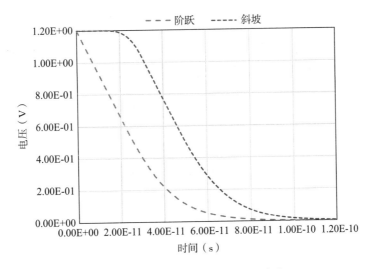

图 4-11   阶跃和斜坡输入的电压波形

4.2.5   延迟与功耗

正如在第 3 章中提及的，通过增加晶体管的尺寸来减少延迟会增大功耗。然而，当设计复杂的逻辑电路网络时，只要是一些门级问题，若不在关键路径上的一些门不必更快，则可以通过减慢这些门来降低功耗。

考虑图 4-12 所示的逻辑网络。如果所有门具有 $\delta = 1$，则 g4 不在关键路径上。如果将 g4 减慢到 $\delta = 3$，也许通过使其晶体管宽度减小可以降低其消耗的功率，那么它将与关键路径有关。在这一点上，如果不减慢整个逻辑网络，是不可能进一步降低它的速度的。

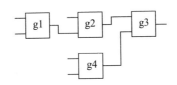

图 4-12   减慢关键路径上门的效果

4.2.6   逻辑与互连中的噪声和可靠性

信号完整性是指确保导线传输正确、纯正的信号值。我们应尽量使用数字电路，以减少模拟电路中信号畸变而带来的影响。但数字电路也很容易受到噪声干扰。由于晶体管和导线的尺寸变化遵循摩尔定律，因此信号完整性变得越来越具有挑战性。图 4-13 概述了组合逻辑电路的噪声来源 [She98]：

- 下一节将介绍电源和接地电压的变化如何影响门的操作。

- 4.3 节将详细研究由于导线之间的串扰而引入的噪声。
- 而在 4.2.8 节，我们将看到把门的输出耦合到其输入将会影响门的延迟。

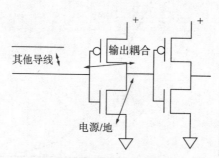

图 4-13   数字电路中的噪声源

4.2.7   电源与可靠性

假设电源 V_{DD} 和 V_{SS} 是可靠的常数，但这个假设在现实系统中是无效的。V_{DD} 和 V_{SS} 也是与任何其他信号类似的电信号，并且同样容易受到电气问题的影响。

电源电压变化的原因之一是用于承载电力的导线存在电阻。流过导线的电流会产生电压降，这将导致栅极得到比电源端子表现出的电压更低的电源电压。

电源导线上出现电压降有两个主要原因：电阻和电感。我们将看到解决由导线驱动的电压波动问题的一个重要解决方案是使用电容。

> 例 4.1   **金属线电阻**

在示例中，在第一层金属线中最小宽度的导线具有的电阻值是单位长度为 $0.44\,\Omega/\mu m$。如果晶体管输出 $150\mu A$ 的电流，那么可以通过计算得到产生 $0.1V$ 电压降的导线长度：

$$0.1V = 150\mu A \times 0.44\,\frac{\Omega}{\mu m} \times /\mu m$$

解得 $I = 1515\mu A$。

可以通过增加电源线的宽度来抵抗电阻问题。所需导线的宽度取决于由导线馈送的门的数量和这些门所需的电流。图 4-14 所示的电源和接地网被组织成一系列的树对，两个树的分支相互交叉。使用相对窄的导线连接逻辑门，每个导线对只连接几个门，再用更大的导线给这些电源线供电。将 V_{DD} 和 V_{SS} 导线组合成树的结构，越往上的一层树需要越宽的导线。

现代芯片使用几个金属层进行配电：低层提供局部门电路的供电，而较高层提供全局供电。在较高的互连层上导线更厚,这样它们的电阻会更低,而使它们更适合承载更大的电流。

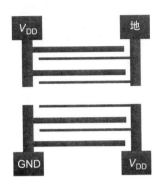

图 4-14 片上电源网络的结构

芯片封装上的引脚具有寄生电感,它可在芯片操作期间引起瞬态电压降。大芯片需要消耗更多的电流。这种大电流在连接芯片和印制电路板的引脚上会产生电压降。这些引脚上的等效电感是不可忽略的,等效电感上的电压降取决于 dI/dt。门所产生的电流会随着开关的变化而变化,因为在电源引脚上聚合的电流是从许多门汇聚在一起的,聚合的电流越大,电流的衍生效应也会越大。

如图 4-15 所示,电源线上的电流急剧变化会导致引脚上的等效大电感产生电压降。高性能芯片的电源引脚上的电压降可能变得非常大,这可以通过用多个引脚承载电源功率来减少由电流波动引起的电压波动。这种技术减少了每个引脚上的电流,因此减少了 dI/dt。

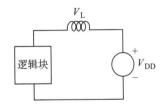

图 4-15 逻辑门中等效电感的电压波动

例 4.2 处理器引脚

英特尔至强处理器 E7-8800 [Int11] 共有 1581 个引脚。其中,381 个引脚为电源引脚,471 个引脚用于接地连接。

引脚与电路板导线的合并电感的典型值是 0.5nH。假设 471 个接地引脚中的每个引脚都有最大电流波动:

$$\frac{dl}{dt} = \frac{0.1A}{10^{-8}s} = 10^7 \frac{A}{s}$$

那么引脚上的电压为：

$$V_L = L\frac{dI}{dt} = 0.005V$$

如果电流波动集中在单个引脚上，则最大电压降为：

$$V_L = L\frac{dI}{dt} = 0.5nH \times 4.7 \times 10^9 A = 2.3V$$

该电压降远远大于电源电压本身。

电源电压的变化可能发生在任何一个引脚上。为了简单起见，我们将考虑接地信号的变化，这种情况通常称为**地弹**，V_{DD} 信号也同时会受到反弹。如图 4-16 所示，可以将地信号的变化建模为地和门电路之间的电压源。如果每一个门上都有相同的地弹噪声，那么门就会变得更慢。

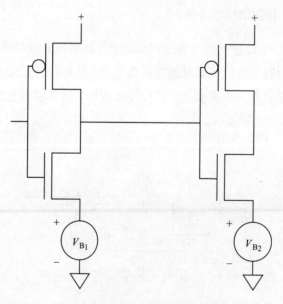

图 4-16　地弹和逻辑门的电路模型

图 4-17 所示的电路更简洁地显示了门的下拉晶体管经受地弹的情况。晶体管导通并汲取从电容器到地的电流，形成一个 1→0 的转换。正极的地弹噪声电压降低了驱动晶体管的 V_{ds}，从而减小了电流驱动。由于电流取决于 V_{ds}^2，所以这种效果特别明显，并且大于任何由于降低电源电压而导致输出电压减小的幅度。

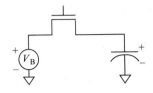

图 4-17　地弹和电流的电路模型

在这种情况下会变得更糟。如果串联连接的门承受不同数量的地弹，那么它们之间传输的逻辑值将变得不可靠。如图 4-18 所示，地弹电压改变了逻辑门的传输特性。输出低逻辑的阈值发生了显著的漂移，门的输出低电平的最终稳定电压会高于 V_{ss}。

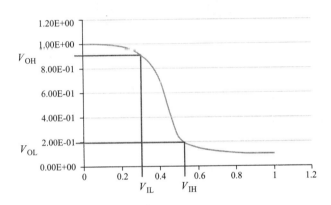

图 4-18　地弹对栅极传输特性的影响

图 4-19 显示了对于不同门用于不同数量地弹噪声的测试电路。第一级门已经显示接地电压已经升高了，而第二级门保持为 V_{ss}。第一级门的逻辑 0 输出电压 V_{OL1} 并不总是会到 V_{ss}。如果地弹噪声足够大，使得 $V_{OL1} > V_{IL2}$，在这种情况下，第一级门输出逻辑 0 对应的电平，但第二级门判决此值为 X。即使地弹噪声不够大，不能将信号判断为 X，但仍然减少了设计的噪声容限，信号可能由于叠加其他噪声而被破坏。

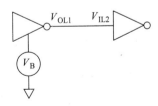

图 4-19　地弹对栅极到栅极通信的影响

芯片中各个区域的电流需求可能随时间和空间的不同而变化，如图 4-20 所示，一个大芯片有许多逻辑块，每个都执行自己的功能。每个逻辑块的活动可能随时间的推移而改变——它可能在某些时间内输入有很多变化，而在另一些时间变化却非常少。不同逻辑块往往会有不同的活动模式。因此，电流的需求遵循复杂的模式。即使提供的平均电流是合理的，配电网络也必须设计成可以满足最大负载时的需求。

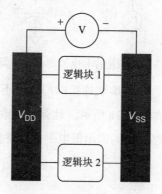

图 4-20　逻辑块和电流需求

减少电源波动的一种方法是在电源线与地线之间增加电容。这类电容称为**去耦电容** C_D，它将负载门与电源解耦。如图 4-21 所示，去耦电容器提供了存储的电荷库，如果电源线自身不能提供足够的电流，那么去耦电容器可通过存储的电荷为负载提供电流。

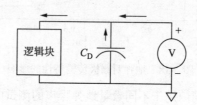

图 4-21　用于电源线的去耦电容

通常会规定在门电路上允许的最大电压下降 ΔV。一个去耦电容器通常将连接 n 个逻辑门。假设每个门在时间 t_{max} 吸收 I_{max} 的电流，则可以估计在浪涌过程中提供门所需要的电荷：

$$Q_{max} = nI_{max}t_{max} \tag{4.7}$$

为了简单起见，假设在电流浪涌期间所有电荷均由去耦电容提供。所以需要足够大的去耦电容 C_D 的提供浪涌充电电流：

$$C_D = \frac{nI_{max}t_{max}}{\Delta V} \tag{4.8}$$

例 4.3　去耦电容

当 $V = 1V$，$\Delta V = 0.1V$，门的数量 $n = 10$，在 1ps 浪涌时间下，最大电流为 150μA 时需要提供一个耦合电容：

$$C_D = \frac{10 \times 150\mu A \times 1ps}{0.1V} = 15fF$$

要点 4.1

V_{DD} 与 V_{SS} 对噪声都很敏感。

4.2.8 噪声与输入 / 输出耦合

一个有趣的噪声源是输入 / 输出耦合，而对此我们还没有分析。栅极到衬底的电容不是晶体管栅极处的唯一电容。由于晶体管的栅极、源极和漏极间的距离较近，因此栅极材料到晶体管的源极和漏极也有一些电容。如图 4-22 所示，尽管栅极 – 源极电容 C_{gs} 和栅极 – 漏极电容 C_{gd} 小于栅极 – 衬底电容，但由于反相器的放大作用，它们仍然会产生问题。

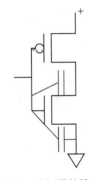

图 4-22 反相器的输入与输出之间的耦合

如图 4-23 所示，C_{gs} 和 C_{gd} 连接在反相器的输入和输出之间。由于反相放大作用，所以该耦合减慢了反相器。如果输入值下降，导致输出上升，那么输入 / 输出间的电容会将一些电流从输出引回到输入。反馈电流作用于输入电流，从而使反相器的输出端变化更慢。

米勒效应 [Mil20] 对这种情况提供了非常简单的近似。如图 4-24 所示，输入 / 输出耦合电容 C 为：

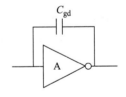

图 4-23 米勒电容

$$C_M = C(1 + A) \tag{4.9}$$

其中 A 是反相器的增益。

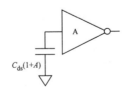

图 4-24 栅极 / 衬底和米勒电容

在逻辑门的输入 / 输出发生耦合的情况下，相对小的 C_{ds} 可以导致逻辑门的电容性负载显著增加。对于具有多个输入端的逻辑门器件，C_{ds} 的耦合效果甚至更差，会产生类似于串扰在导线上的效果。如果一个输入引起门的输出改变，那么输入 / 输出电容会将输出反馈到所有的输入端。因此，即使是没有被输入驱动而改变的信号仍然会受到干扰。

米勒效应的一种解释是信号向后流过逻辑门。4.2.1 节的事件模型假定事件从逻辑门的输入流入到逻辑门的输出。然而，栅极上的输入 / 输出电容是双向的，并且它们允许电流双向流动。

4.3　互连

在本节中，我们将了解导线的属性，它们有自己的物理属性，这限制了它们的电性能。导线特性——阻抗、电容、电感——对芯片性能产生了一些最基本的限制。在电路设计中传统假设认为导线是一个点，导线各处的电压和电流都是相同的，而这一假设在 VLSI 系统中是无效的。

4.3.1　寄生阻抗

作为物理物体的导线，它并不是理想的导体。在设计芯片时，不能忽视这些物理特性。片上布线呈现电阻、电容和电感，把这些值称为**寄生参数**，因为它们是次要的——我们并没有专门设计具有这些属性的导线。

片上布线被设计成精确的垂直尺寸。虽然不同层的布线可以具有不同的厚度，但在任何给定层所有布线的厚度是均匀的。这使得我们可以在大多数情况下讨论单位面积上的片上导线。电路设计者可以控制导线材料的长度和宽度，就像控制晶体管沟道的宽度一样。

因为片上导线的厚度是由制造工艺决定的，所以导线特性通常不用电阻率，而是使用**单位面积的电阻** $\Omega /\blacksquare$（欧姆每方块）来衡量。可以理解为每方块的欧姆数作为测量线。首先，宽度为 W，长度为 L，高度为 H 的材料电阻为 $R = \rho L / (HW)$。如果将长度和宽度翻倍，保持高度恒定，电阻会是 $R = \rho 2L / [H(2W)]$。其次，考虑图 4-25 所示的正方形材料，每个小正方形具有 1Ω 的电阻。如果形成一个 2×2 的正方形阵列，那么它们沿着电流方向串联，而垂直于电流方向并联。结果，较大的正方形与每个基本方块具有相同的电阻，即仍然为 1Ω。

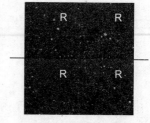

图 4-25　正方形的电阻与正方形尺寸无关

为了测量非方形材料的电阻，必须知道电流的方向，如图 4-26 所示。在该示例中，电流必须流经 3 个串联的正方形材料，如果电流在垂直方向流动，则方块将是并行的。导线的边角位置具有更复杂的电流，一般将两条等宽线之间的角电阻近似为 1/2 $\blacksquare$。

图 4-26　沿电流方向测量的线电阻

制造过程中的导线电容通常表示为**单位电容值**或单位面积的电容值。单位面积的单位电容用 fF/μm² 来度量。电容器氧化物的厚度取决于制造工艺的导线厚度。电路设计人员控制板的面积，并使用单位电容值来确定电容的结构。

更详细的模型包括平行板电容以及**边缘电容**。平板边缘的电场畸变与无限大平行板的垂直场相比，其变化在于边缘的电容。更精确的电容测量要结合平行板电容值与取决于电容器周长的附加项来进行。PN 结中也有**结电容**，由于扩散导线嵌入在具有相反载流子浓度的槽中，所以沿着导线的整体方面测量结电容。通常分别测量扩散导线的底部和侧面来计算结电容。

例 4.4　电阻和电容的测量

考虑下列金属块：

金属线的宽度为 0.1μm、长度为 2μm，如果金属导体的电阻率为 0.04Ω/■，那么当电流沿其长度流动时，导线的电阻是：

$$R = R_{■} \frac{W}{L} = (0.04\,\Omega/■)\frac{2\mu m}{0.1\mu m} = 0.08\,\Omega$$

还可以计算这根导线到衬底的电容。如果单位面积的电容为 50aF/μm²，则整个导线的电容为：

$$C = C_A WL = 50aF/\mu m^2 \times 0.1\mu m \times 2\mu m = 10aF$$

4.3.2　传输线

由于长导线对现代计算机设计至关重要，所以需要了解它们的属性。迄今为止，我们将寄生参数当作**集总元件**处理——单个组件。例如，理想的经缩放处理的导线电阻为集总元件。但是，在许多条件下，集总元件的假设不准确。在这些情况下，必须使用**分布**模型对导线进行建模，称为**传输线**。通过传输线的延迟比通过集总元件的延迟更大，事实上，由登纳德等人提出的导线延迟的集总元件假设是过于乐观的。

图 4-27 显示了一条简单的传输线。传输线本身是由一对导体构成的。在这种情况下，我们用电压源 V_S 驱动传输线，还在源头处将导线的阻抗建模为 Z_S。在传输线的另一端，负载 Z_L 连接两个导体，从而形成电路。底部导体形成电流的返回路径。

图 4-27　传输线

测量集总元件中的电压或电流作为单个理想值，例如，集总电阻器具有单一的电压值，集总电压或电流是时间的函数。传输线具有物理尺寸，我们必须测量穿过导体的电压和流经导体的电流，该电压和电流既是时间的函数，也是导体位置的函数。

可以将传输线建模为一系列的**分段**。每个分段都有集总的电阻、电容和电感。每个分段的电压和电流是时间的函数，分段模型的变化依赖于其在传输线中的位置。

具有电阻、电感和电容的传输线的一般行为模型称为**电报方程**，因为电气传输线首次应用于电报中。传输线的单个分段包括多个元件的串联和并联，如图 4-28 所示，其中 G 是电导。

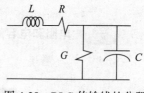

图 4-28　RLC 传输线的分段

可以将一般传输线的电压和电流写为偏微分方程的形式：

$$\frac{\mathrm{d}V(x)}{\mathrm{d}x} = -(R + \mathrm{j}\omega L)I(x) \qquad (4.10)$$

$$\frac{\mathrm{d}I(x)}{\mathrm{d}x} = -(G + \mathrm{j}\omega C)V(x) \qquad (4.11)$$

用于电信传输中的粗大传输线通常建模为具有可忽略的电阻。这些线路称为 LC 传输线。片上导线由于其尺寸小所以具有显著不同的性质。通常不能忽略片上导线的电阻，然而，在有些情况下，由于两个因素我们可以忽略它们的电感：高电阻值意味着电感效应在感兴趣的频率处并不明显；导线不够长，其电感效应也不够明显。片上互连线的详细分析是基于 RLC 传输线模型的，为了达到目的，我们仍将集中研究一个更简单但仍然有用的模型。

RC 传输线在芯片设计中有实际的应用价值，它们也比 RLC 传输线更简单且容易理解。图 4-29 显示了一个 RC 传输线模型，当信号对两个导体互连的模型作用时，各个分段的电阻串联，而电容则并联。导线由阶跃输入驱动。

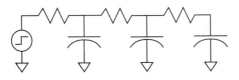

图 4-29　RC 传输线

为了理解信号如何通过传输线传输，假设电容器在施加阶跃之前以 0V 开始。图 4-30 显示信号是如何随着时间并且沿着导线的长度方向上进行传播的。在阶跃信号作用之后，整个阶跃电压出现在第一个分段电阻器上，因为电容是从 0V 开始的，且 $V_{in} + V_{R1} + V_{C1} = 0$。

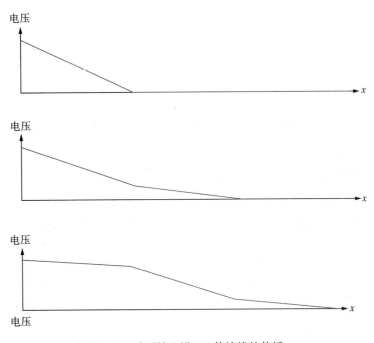

图 4-30　阶跃输入沿 RC 传输线的传播

通过第一个分段电阻的电流开始对第一个分段电容充电。当第一个分段充电时，它施加一个电压作用于第二个分段电阻上。因为第二个分段的电压值小，所以流经第二个分段电阻的电流初始值也小，它为 $I_{R1} = I_{C1} + I_{R2}$。

但是随着第一个分段电容的持续充电，流向第二个分段的电流将会逐步增加。这个过程和效果将在下一个分段重复。结果是方波信号沿着导线传播。分段电阻意味着原始脉冲是**失真**的。当脉冲沿着导线传播时，其斜率在逐步减小。

如果对传输线施加一个脉冲，传输线的效应会变得更清楚，如图 4-31 所示。脉冲以有限的速度沿着导线传播，因为导线本身存在延迟。此外，脉冲的前沿和后沿都失真，其幅度也会衰减。

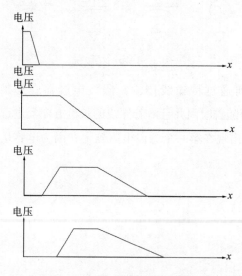

图 4-31　脉冲沿着传输线传播的失真

图 4-32 显示了当由理想电压源驱动时，RC 传输线响应的电路仿真结果。曲线显示了导线中的几个位置点的波形：输入脉冲，第一个 RC 分段的输出，第五个分段的输出，第十个分段的输出。每个分段的参数都是 $R = 10\,\Omega$，$C = 100\text{aF}$。即使是第一分段的脉冲，它也会失真，这是由于传输线的其余部分作为负载，其时间常数为 1fs。第一个分段应该在 5fs 后接近其渐近值，但实际上在 40fs 后都未能接近该渐进值。在后续的各个分段中，脉冲的失真更加严重，延迟也更大。

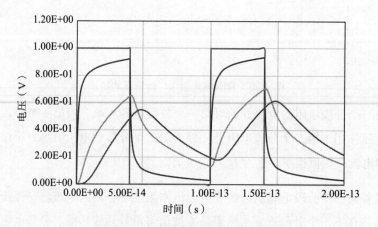

图 4-32　一系列 RC 分段的性能

Elmore 模型 [Elm48；Rub83] 通过 RC 传输线给出了延迟的完美估计。一个分段的电阻和电容分别为 r 和 c，并且不需要所有的分段都具有相同的电阻和电容。导线的 **Elmore 延迟**是：

$$\delta_E = \sum_{1 \leqslant i \leqslant n} c_i \sum_{1 \leqslant j \leqslant i} r_j \qquad (4.12)$$

如图 4-33 所示，每个电容通过各个分段的电阻进行充电，如通过电阻 r_1 和 r_2 对电容 c_2 进行充电。

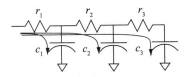

图 4-33 Elmore 模型中的电流

如果各个分段具有相同的电阻和电容，那么 Elmore 延迟具有特别简单的形式：

$$\delta_E = \sum_{1 \leqslant i \leqslant n} (n-i) rc = \frac{1}{2} rcn(n+1) \qquad (4.13)$$

这意味着通过均匀导线的延迟与其长度方向上的**方块**数成正比，这个结果比我们在 3.6 节中得到的理想缩放的线性依赖性要糟糕得多。

要点 4.2

对于均匀宽度的导线，Elmore 延迟与导线长度方向的方块数成正比。

例 4.5 **均匀宽度导线的 Elmore 延迟**

假设金属导线的尺寸为 $0.1\mu m \times 2\mu m$。如果把它分成 $n = 10$ 个分段，则每个分段的电阻为：

$$r = R_\blacksquare \frac{L}{W} = (0.04\,\Omega/\blacksquare) \times \frac{0.2\mu m}{0.1\mu m} = 0.08\,\Omega$$

每个分段的电容为：

$$c = C_A WL = (50aF/\mu m^2) \times (0.01\mu m) \times (2\mu m) = 1aF$$

那么通过这条导线的 Elmore 延迟是：

$$\delta_{rc} = \frac{1}{2}(0.08\,\Omega) \times (1aF) \times (10) \times (11) = 4.4 \times 10^{-18}s$$

现在假设导线的长度为 2mm，即比原来的导线长 1000 倍。保持每个分段的尺寸不变，那么分段数 n 增加到 10 000。在这种情况下：

$$\delta_{rc} = \frac{1}{2}(0.08\,\Omega) \times (1aF) \times (10\,000) \times (10\,001) = 4.0 \times 10^{-12}s$$

非均匀宽度的导线也是有用的，沿导线的长度方向增加整根导线的宽度，将减小其

电阻，但会增加电容。然而，利用它的 Elmore 延迟特性可以使
导线在其源附近更宽，并且在其远端附近更窄。导线源端的电阻
可以沿导线整个长度方向对电容进行充电，如图 4-34 所示。使得
导线在其源端更宽，可减小其电容，从而改善各个分段的延迟。
导线的远端更细将使其具有更大的电阻，但也具有更小的电容。
可以看出，最佳形状的导线是呈指数变窄的，阻抗匹配的另一个
示例如文献 [Fis95]。

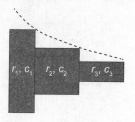

图 4-34　不均匀导线的
电阻和电容

4.3.3　串扰

不幸的是，传输线不能总是孤立地考虑。如果两个传输线并排进行长距离传输，那么
它们之间的寄生电容是很可观的。如图 4-35 所示，导线与任何其他相邻导体都存在电容。
位于衬底上方的导线与该衬底之间也具有电容。衬底连接到电源，电容会降低转换速度，
但它不是噪声源（忽略电源噪声）。导线与其上方的导线也有耦合电容，在多层互连层结
构中，导线与衬底间不会有明显的电容，但是与其上面和下面的导线层间有较大的耦合电
容。导线与水平相邻的导线间也有耦合电容，在这种情况下，电容器的平行板是由导线的
垂直壁形成的。所有这些耦合电容都连接到导线上，每一个都有自己的信号。

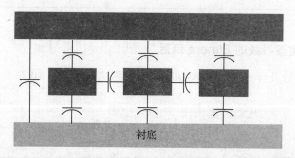

衬底

图 4-35　导线的电容耦合

导线与导线间的耦合导致**串扰**，即一条导线上的信号变化被发射到另一条导线上。
如果接收导线的信号是稳定的，则串扰会引起该导线上的信号发生变化；而如果接收导
线上的信号是朝相反方向移动的，那么串扰会阻碍并延迟信号的预期转换。

如图 4-36 所示，可以通过考虑**串扰源**导线上的信号变化在**受扰**导线上引起的串扰，
来分析串扰。导线中每个分段的耦合电容为 C_c，每个分段的衬底电容为 C，在时间 Δt
内，由串扰源脉冲传递给受扰导线的电荷是：

$$\Delta q = I_C \Delta t = C_c \frac{\Delta V_A}{\Delta t} \Delta t = C_C \Delta V_A \qquad (4.14)$$

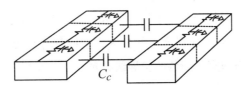

图 4-36　导线之间的电容耦合

然后，这些电荷由源 – 扰间的耦合电容和受扰导线与衬底间的电容共享。这会导致受扰端的电压变化：

$$\Delta V_{\mathrm{V}} = \frac{C_C}{C + C_C} \Delta V_{\mathrm{A}} \tag{4.15}$$

在典型的芯片上，耦合电容 C_c 比衬底电容 C 大 2 ～ 4 倍。由于耦合电容更大，所以在现代芯片中，串扰具有非常明显的影响。

可以使用几种技术来减小串扰的影响。图 4-37 所示为信号线与地线交错的情况。如果信号线的情况相同，而地线又是稳定的，那么每个信号线与其相邻的接地线之间存在相同量的耦合。因为 ΔV 更小，所以串扰到信号线中的干扰就会更小。图 4-38 显示了一种名为**缠绕**的技术。各个信号不是沿着直线传输的，而是周期性地从一个位置跳到另外一个位置。垂直金属线和通孔实现各信号段之间的纵向连接，为了清楚起见图中用虚线表示。再次强调，存在相同大小的耦合电容。但是在这种情况下，如果信号不相关，向每个信号线注入的平均电荷会更少。

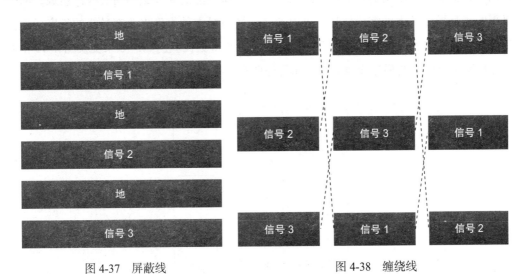

图 4-37　屏蔽线　　　　　　　　　图 4-38　缠绕线

4.3.4　布线复杂度与兰特规则

不同的逻辑函数需要不同的连线。一些逻辑函数需要许多短连接，而另外一些逻辑函数需要更长的连接。可以使用分区来估计函数所需布线的复杂程度。图 4-39 所示的电路已经分成了两块。如果可以找到这样的分区，它能使穿过分区间边界的连线数最小，那么我们就可以估计出必须穿越函数的长导线数量。

　　如图 4-40 所示，可以通过递归划分逻辑，从而提供更小粒度的布线复杂性估计。这种递归分区可以用于指导元件的**布局**。如果递归地细分芯片的区域，则可以将逻辑分区映射到这些区域。分区可以把紧密连接的门电路组合在一起。

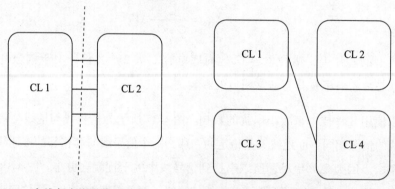

图 4-39　布线复杂度的度量分区　　　　　　图 4-40　用于布线估计的递归分区

　　布局之后，可以估计导线的长度。导线的长度有助于我们估计哪些导线处于关键时序路径上，从而调整布局，以缩短关键路径的导线长度和减少延迟。图 4-41 显示了门的布局，其中逻辑门之间的导线已经绘制为直线。掩模上的导线必须由直线段组成，欧几里得距离是导线长度的简单估计。可以通过交换布局中的组件来改变导线的长度。但由于逻辑门是由多处连接的，所以一些导线可能会变得更长。例如，如果交换图 4-41 中右下方的两个组件，两根导线将变短，而另外两根导线将变得更长。

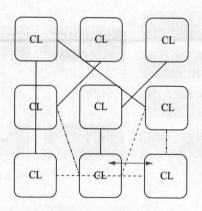

图 4-41　根据欧几里得距离估算线长度

　　兰特规则 [Lan71] 在即使没有分区的情况下，也允许估计出一个函数需要的引脚数量。该规则是基于多个逻辑设计测量的。这些参数根据具体应用而有所不同，但是兰特规则已被验证可以适用于许多不同的技术中。规则表明引脚数 N_p 和元件数 N_g 之间是对数 / 对数的关系

$$N_p = K_p \tag{4.16}$$

其中 r 称为**兰特常数**。Landman 和 Russo [Lan71] 使用参数值 $0.57 \leqslant r \leqslant 0.75$，$1.5 \leqslant K_p \leqslant 2$；也有人使用 $K_p = 2.5$。有人已经发现 $r = 0.45$，$K_p = 0.82$ 更适合现代微处理器。较少数量的高级别抽象分块，改变了逻辑和引脚之间的关系。

4.4　时序机

逻辑模型既简单又复杂。一方面，只能用组合逻辑来计算相对简单的函数，另一方面，事件模型又要求追踪大量逻辑事件活动，来确定输出的变化。为此，首先应研究时序机模型，然后以时钟周期为度量。4.4.4 节分析了亚稳态型，它是时序机一种重要的故障模型。

4.4.1　时序模型

中间部分是将逻辑函数建模为**组合逻辑**而不是门集合。如图 4-42 所示，一个组合模型块是由它执行的布尔函数来描述的。

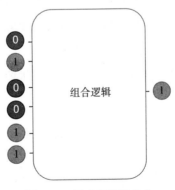

图 4-42　组合逻辑抽象化

用来实现逻辑函数的门电路的细节会影响组合逻辑的延迟和能量消耗——可以构建不同的逻辑块，使它们执行相同的功能，但其延迟和能量开销不同。将从输入到输出的延迟假设为最坏情况，正如在关键路径分析中看到的一样。

组合逻辑的抽象化帮助我们建立离散的时间模型。在第 3 章分析逻辑延迟时，时间是实数，4.2.1 节的事件模型是基于门延迟的，因此它的时间模型也是实数。如图 4-43

所示，信号值也是离散的，时间可由整数来表示，整数时间为（0，1，2…）。

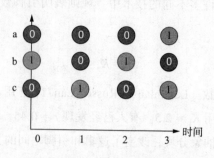

图 4-43　离散时间信号

然而，组合逻辑的抽象还不够。图灵机假定时间是离散的，**时序机**（或**状态机**）模型提供了能在离散时间内建立有效机器运行的方法。如图 4-44 所示，机器有一个**状态**，它存放在寄存器中。机器的行为由它的状态序列来描述。寄存器的输入是 D 而输出是 Q。它由时钟信号控制，有时称为 φ，这个信号决定了寄存器什么时候读入它的输入 D，并存储这个值，以及在输出端 Q 呈现出存储值。

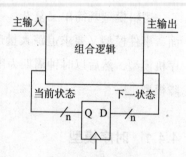

图 4-44　时序机

机器的行为由组合逻辑实现的两个函数来定义：**状态转移**函数将主输入和状态映射到下一状态；**输出函数**将主输入和状态映射到主输出。图 4-45 所示为一个状态转移表和状态转移图的示例，这是两种枚举 FSM 状态转移和输出函数等效的方式。状态转移表给出状态转移和输出函数的布尔真值表。一些时序机不是以这种形式自然描述的，比如，连接到寄存器的乘法器不容易描述为状态转换表。虽然可以使用不同的描述方法来描述时序机的行为，但任何时序机都能用这些方式来描述。

输入	当前状态	下一状态	输出
0	00	00	0
1	00	01	0
0	01	01	0
1	01	10	0
0	10	10	0
1	10	00	1

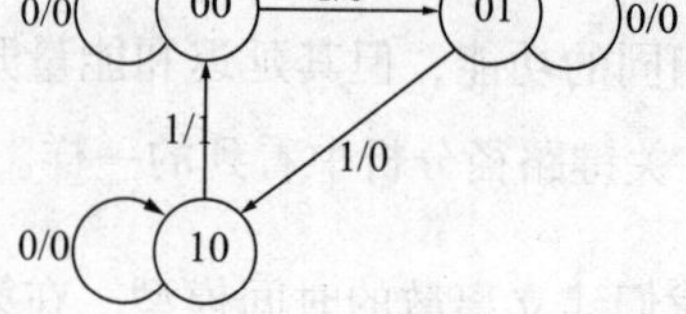

图 4-45　状态转移表和状态转移图

任何导致 FSM 寄存器记录不正确状态值的问题都会造成**永久故障**。该值将反复循环，导致机器在运行过程中连续出错。图 4-46 显示了状态转移图及其未定义的额外状态。状态位 11 没有在机器中定义，如果寄存器出错而进入这个未定义状态，机器到底要做什么取决于实现下一状态和输出的逻辑函数。通过组合逻辑中的错误将无用值加载到寄存器中或者通过破坏寄存器本身的值，这样寄存器可以设置为无用值。

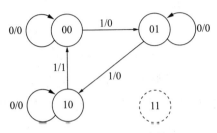

图 4-46　具有未确定状态的 FSM

4.4.2　寄存器

为了构建时序机，我们需要一个可以用来存储值的电路。对于任何能够存储单个位的电路，都使用术语**寄存器**。有几种不同类型的电路可用于构建寄存器，每种寄存器都有自己的优点和缺点。可以从两个不同的角度对寄存器进行分类：

- 寄存器如何存储值？
- 寄存器如何对时钟信号做出反应？

寄存器可以使用两种不同的存储机制：

- **动态寄存器**使用反相器上的栅极电容来存储值。
- **静态寄存器**使用一组逻辑门之间的反馈来存储值。

每种技术都有自己的优点和缺点。图 4-47 所示为一个动态锁存器的电路原理图，其中包括一个由输入晶体管保护的反相器。值存储在反相器的栅极电容上，当存取晶体管截止时，输出 Q' 等于存储在栅极电容上的值的相反数（′表示逻辑非）。当 $φ = 1$ 且确保存取晶体管导通时，输入 D 可用于对栅极电容进行充电或放电，从而改变寄存器的值。时钟信号的标准符号是 φ。

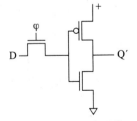

图 4-47　动态锁存器的电路原理图

图 4-48 所示为静态寄存器的原理图，它通过两个反相器的反馈连接来存储值。当时钟信号为低电平时，存取晶体管关闭，而反馈路径中的晶体管导通。存储的值在反相器之间反馈，并得以加强和恢复其电平值，只要寄存器有电源供电，该值就将保持下去。

当时钟变为高电平时，存取晶体管导通，反馈晶体管关断，允许外部输入覆盖锁存器的原值。静态寄存器受到我们在 4.2 节 [She98] 中讨论的噪声影响的破坏。存储该值的反馈门的放大有助于保持适当的值。

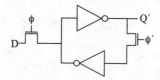

图 4-48　静态锁存电路

动态寄存器电路规模小、功耗很小。然而，该值可能被来自栅极电容的泄漏电荷所破坏。电容器中的电荷随时间而泄漏，当电荷泄漏到一定程度时，1 降为 X 或 0。在室温环境下，动态锁存器上有效电荷的保持时间约为 1ms。如果寄存器的时钟速度足够快，其值将被刷新，那么也不会受到泄漏的影响。但是一些锁存器在很长时间内处于未锁定状态，特别是在睡眠模式。长时间没有时钟信号的寄存器应使用静态电路结构。

对寄存器进行分类的另一种方式是取决于它们对时钟信号的反应：

- **锁存器**是透明的，对电平是敏感的。
- **触发器**是不透明的，并且是边沿触发的。

锁存器是透明的，因为当时钟为高时，其输出将跟随输入的变化而变化。当图 4-47 所示的动态锁存器的时钟输入为高电平时，存取晶体管产生从 D 输入 Q′ 到输出的电路路径。结果是，锁存器的输出将随其输入而变化。

触发器是边沿触发的，因为它在时钟转换时存储新值。图 4-49 显示了触发器的一种类型，主从结构的触发器，它由两个锁存器组成。（触发器可以是静态的也可以是动态的，这取决于使用锁存器的类型。）第一个锁存器接收时钟的未反相信号，而第二个锁存器接收时钟的反相信号。当时钟为高电平时，第一个锁存器接收输入信号并透明传输。第二个锁存器关闭并保持其原值。当时钟信号变低电平时，第一个锁存器关闭，而第二个锁存器将值透明地传输到输出端。触发器的状态仅在时钟边沿处改变。

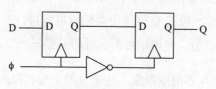

图 4-49　主从触发器

锁存器比触发器需要更复杂的时钟。锁存器必须组织成多级结构，每一级由不同的

时钟相位控制。时钟相位应确保不会形成导致机器振荡的周期。

寄存器的正确操作要求保持时钟和数据输入时序之间的某些关系。如图 4-50 所示，要求数据输入在时钟事件附近保持稳定。如果输入的数据在读取其值期间发生了改变，则寄存器可能会存储错误的值。大多数寄存器对数据稳定性施加了两个约束：

- **建立时间** t_s 是时钟事件之前，输入数据必须保持稳定的时间。
- **保持时间** t_h 是时钟事件之后，输入数据必须保持稳定的时间。

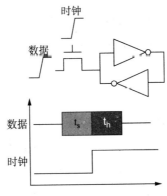

图 4-50 建立时间和保持时间

选择合适的时钟周期，可以使所有事件都通过组合逻辑传播到输出。由于所有寄存器都接收相同的时钟，所以时钟周期由组合输出的最坏情况延迟来决定。

建立时间和保持时间的详细分析是复杂的，寄存器的设计通常留给专家。存取晶体管和内部放大门都起着重要的作用。存取晶体管可以被打开和关闭的速度部分取决于时钟波形的特性，部分取决于开关周围的寄生元件。

可以使用小信号模型来帮助我们理解门存储值的行为 [Fla85；Sho88；Gin11]。在图 4-51 所示的电路模型中，放大门建模为有电阻和电容的具有增益 A 的反相理想放大器；电阻建模为放大器的内部电阻，而电容建模为其他放大器的等效负载。如果内部电压为 V_x 和 V_y，那么可以使用电容定律来写出与内部电压有关的公式：

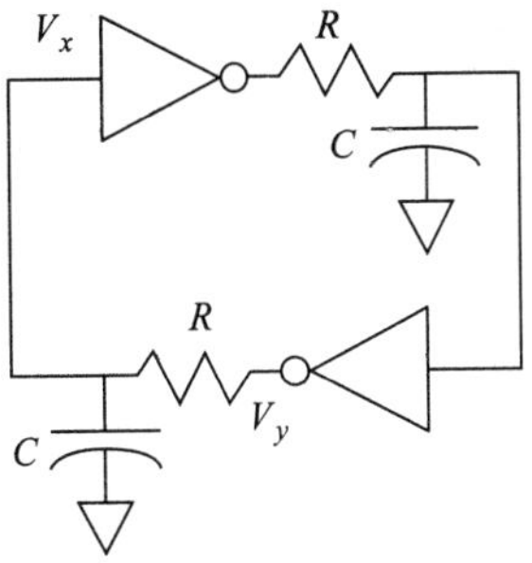

图 4-51 寄存器的简单分析模型

$$C\frac{\mathrm{d}V_x}{\mathrm{d}t} = -\frac{1}{R}\left(AV_y - V_x\right) \tag{4.17}$$

$$C\frac{\mathrm{d}V_y}{\mathrm{d}t} = -\frac{1}{R}\left(AV_x - V_y\right) \tag{4.18}$$

定义 $V = V_x - V_y$，于是式（4.17）和式（4.18）可以重写为：

$$\frac{\mathrm{d}V}{\mathrm{d}t} = \frac{V}{RC}(A-1)$$

（4.19）

该方程的解是具有下列时间常数的指数。

$$\tau = \frac{RC}{A-1}$$

（4.20）

反馈放大器系统的时间常数表征寄存器将输入信号放大到固定逻辑值的速度，更快的时间常数意味着寄存器的保持时间更短。由于时间常数与增益成反比，因此更高增益的反相器导致更快地转换到新的存储值。在 4.4.4 节讨论亚稳态时，也会使用这个分析。

4.4.3 时钟

需要确定将时钟输入发送到寄存器的速度。图 4-52 展示了一个简单的时序机时钟模型。寄存器连接到组合逻辑边界处的信号，寄存器将值输入到组合逻辑中，并能保存组合逻辑的结果。寄存器的存储功能使输入保持稳定并维持输出值。时钟信号同步机器的活动。在一个时钟周期内，信号从组合输入端的寄存器开始，通过逻辑电路，存储在输出寄存器中。为了简单起见，假设这个例子中的寄存器是具有边沿触发行为的触发器。

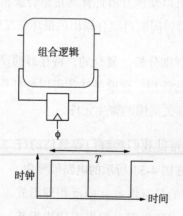

图 4-52 时序机和时钟周期

只有当组合逻辑的输出值已经稳定时，寄存器的时钟输入才能激活（称为**时钟**寄存器）。如果在时钟事件之后，组合逻辑的输出值改变了，将不会存储在寄存器中，其结果是无效的机器状态。有一种状态为无效状态，由于它被机器的逻辑再循环，所以导致机器在运行过程中产生永久性错误。

机器的时钟周期 T 是机器的基本属性。时钟周期是时钟频率的倒数：

$$f = \frac{1}{T} \qquad (4.21)$$

时钟周期是机器正确操作的基本约束。时钟周期至少要与组合逻辑中的最坏情况延迟一样长，这个最长的延迟是由对 4.2.2 节的关键路径分析中给出的。这个关键路径是一个合适的度量，因为它给出了任意输入到任意输出间的最坏情况下的延迟。时序机要求所有的组合输出立即有效，在时钟作用于寄存器之前，所有逻辑的主输出必须已经稳定。

如果组合逻辑的最坏情况延迟为 Δ，那么要求：

$$T > \Delta \qquad (4.22)$$

这是一个**单边**时序约束，它给出了时钟周期的最小界限，但没有给出最大界限。这意味着一定能找到机器运转的时钟速度——可以减慢时钟，直到机器能正常工作。机器的单边时序约束是设计可靠数字设备的重要因素。

图 4-53 给出了当时钟周期不满足式（4.22）时发生的情况。当前状态和主输入值为机器在 t 时刻的组合逻辑。而逻辑的输出时刻是在 $t + \Delta$ 处。但是，下一个时钟事件会在 $t + T$ 时刻之前到达。这样一来，寄存器就加载了错误的值。

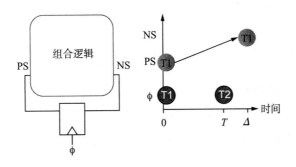

图 4-53 太快的时钟引起的错误

时钟周期可将离散时间映射为真实的时间：时序机周期 <0，1，2，...> 发生在时间 <0，T，$2T\cdots$>。

时钟周期也是性能的基本指标，更快的时钟周期意味着机器每秒可以执行更多的操作。

由于存在建立和保持时间，所以真实的机器还会在寄存器中产生一些时间开销。考虑到这些因素，总时钟周期是：

$$T \geqslant \Delta + t_s + t_h \qquad (4.23)$$

通过研究**流水线**，可以认识到离散时间模型的重要性。图 4-54 所示的原始机器在一个时钟周期中执行复杂的功能，如乘法。该机器没有反馈回路以简化上述讨论，但是流水线可以扩展到反馈的情况中。时钟周期由逻辑延迟决定：$T > \Delta$。

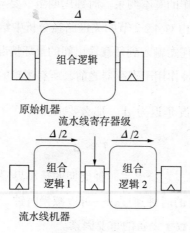

图 4-54　流水线

为使逻辑实现流水线化操作，应在逻辑中添加一系列寄存器。假设可以设置寄存器的放置位置，使得每个逻辑块具有相同的延迟 $\Delta / 2$，在逻辑中正确插入寄存器不会改变它计算的函数，只会改变它的时钟周期行为。插入寄存器，将组合逻辑分割，类似于实现时序优化。将这组寄存器称为**分级**。系统的时钟周期现在受到 $T > \Delta / 2$ 的约束——已经将逻辑的时钟速度加倍。计算机系统的性能可以通过几个指标来衡量。在这种情况下，需要仔细区分流水线对两个指标的影响：

- **吞吐量**用于度量机器在单位时间内产生的结果数。由于该机器每个时钟周期都产生一个输出，所以通过增加一级流水线寄存器可使其吞吐量增加一倍。
- **延迟**测量的是从输入到输出的时间。就像在式（4.23）中看到的，流水线不会减少延迟，寄存器会增加少量的延迟时间。

流水线无法改进延迟时间，因为不能改变组合逻辑所实现的功能。但是它可以提高吞吐量，因为它能在不破坏时序机的假设前提下，更有效地利用逻辑。时序机在每个时钟周期接收一组输入并产生一组输出——在两相邻级的寄存器之间每个逻辑块一次只能对一组值进行操作。当添加一级流水线寄存器时，会将逻辑分成两部分，每部分可以同时操作。

寄存器类型会影响时间约束和时序机的结构。图 4-55 所示的时序机使用的是用锁存器而不是触发器，如果从当前状态输入到下一状态输出的延迟小于通过组合逻辑其他部分的延迟，则下一个状态值将在时钟周期结束之前提供给锁存器输入。因为锁存器是透明的，所以该值将流过锁存器的输出，在那里它将重新进入组合逻辑。如果时钟周期足够长，那么这个新值可以再循环回到锁存器的输入中，这会导致存储值的错误。

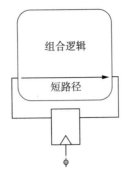

图 4-55　单级锁存器的问题

要伸这个机器能够工作，时钟周期必须满足**双边时序约束**：

$$2\Delta_{min} > T > \Delta_{max} \tag{4.24}$$

时钟周期必须比组合逻辑的最坏情况延迟时间更长，但要比通过机器将变化反馈传回所需的时间更短。根据通过逻辑的最短和最长路径之间的关系，可能找不到同时满足上述两个约束的可行时钟周期。

为了避免这种双边约束，可以构建一个图 4-56 所示的**两相机器**。组合逻辑分成两个部分，每个部分在其输出端都有一个锁存器。每个锁存器由一个单独的时钟相位控制，相位的设计至少保证有一个时钟总是低电平。这种非重叠的设计意味着两个锁存器将永远不会同时打开，并且通过逻辑永远不会有完全闭合的路径。每一个相位的长度取决于通过该相位锁存器逻辑的最坏情况延迟，总时钟周期是这些相位长度加上非重叠间隔的时间总和。

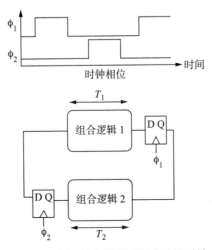

图 4-56　用于锁存器的两相非重叠时钟

为了使时钟周期 T 有意义，需要确保时钟信号本身能同时到达所有寄存器。由于时钟信号是时序机的全局时基，所以时钟到达寄存器的时间变化会导致这些寄存器具有不同的时间概念，从而导致时序违规。

图 4-57 显示了一对寄存器。两者都连接到了时钟 φ，但是寄存器 1 在延迟 δ 后接收时钟。时钟信号沿不同路径的延迟差异称为**时钟偏移**。假设时钟信号 φ 在 t_δ 时发送，该值到达寄存器 1 的时刻是 $t_{\text{rel}} = t_\delta + \delta$。寄存器 2 期望组合逻辑输出到达的存储时间是 $t_{\text{stor}} = t_\phi + T$。可用于操作组合逻辑的时间是 $t_{\text{stor}} - t_{\text{rel}} = T - \delta$。时钟偏移已减少了用于该逻辑的有效时钟周期。

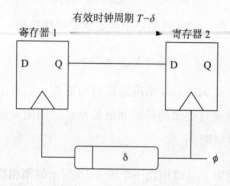

图 4-57　时钟延迟和偏移

图 4-58 显示了这种情况的时序图。寄存器 1 的时钟偏移导致寄存器 1 延迟释放其数据。如果寄存器 2 的时钟被延迟相同的时间，则这两个寄存器的相对时序不会改变。但是当寄存器 2 的时钟没有延迟时，结果就是，从寄存器 1 发送到寄存器 2 的值在机器中的传输时间就会减少。

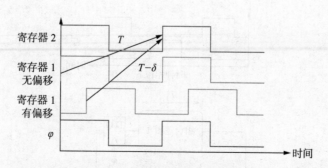

图 4-58　时钟偏移对系统时序的影响

需要重点记住的是，这个错误的影响不是暂时的。存储在寄存器中的不正确值将在下一周期输入到逻辑电路中，这个错误将继续在整个系统中循环。寄存器中的错误将是**永久性错误**。

例 4.6 时钟偏移

组合逻辑块具有 5ps 的最大延迟。时序机的时钟周期为 5ps，通过电路设计能使输入寄存器承受 1ps 的时钟偏移。由于从输入寄存器的时钟到输出寄存器时钟的传送时间为 4ps，所以值通过组合逻辑后到达后一级的时间延迟了，从而导致了错误。●

4.4.4 亚稳态

此时必须考虑如果不满足寄存器中的建立和保持时间会发生什么。一些基本物理原理表明，不仅只有中间值存储在寄存器中，寄存器还可以保持很长时间的**亚稳态**值。

亚稳态是计算机系统中一个重要的错误来源 [Cha73]。就像与寄存器相关的大多数错误一样，它会导致机器操作中的永久故障。亚稳态尤其在运行于不同时钟操作的机器边界处特别常见。随着芯片变得越来越大，使用有独立**时钟域**的机器来构建复杂系统变得越来越常见。

图 4-59 展示出图 4-48 所示的寄存器中一对交叉耦合反相器的传输曲线。为了简单起见，该图将电源电压控制在零附近。水平轴是 x 轴，垂直轴是 y 轴。这允许在同一个图中显示两个反相器的传输曲线：上方的反相器使用水平轴作为输入，垂直轴用于输出；而下方的反相器使用垂直轴作为输入，水平轴用于输出。曲线在 3 个点相交，其中两个点在它们的极值范围内：$x = +v$，$y = -v$ 表示 x 为逻辑 1，y 为逻辑 0；$x = -v$，$y = +v$ 表示 x 为逻辑 0，y 为逻辑 1。曲线的第三个交点出现在原点，其中 x 和 y 都在电源的中间位置。这是一个亚稳态点，系统可以在该状态下保持一段时间，但任何干扰都将导致它移动到一个稳定的工作点。

将图 4-51 所示的交叉耦合反相器模型变换为图 4-59 所示的形式。每个交叉耦合的反相器所消耗的能量是 $1/2CV^2$，所以这一对反相器的动态能耗是：

$$\text{KE} = \frac{1}{2}CV_1^2 + \frac{1}{2}CV_2^2 \qquad (4.25)$$

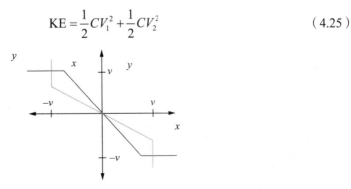

图 4-59　交叉耦合反相器中的亚稳态

系统能量是动能和势能之和。如果把寄存器的势能绘制为反相器电压之和的函数，就有了图 4-60 所示的形式。系统在低电压和高电压时状态都是稳定的，因为对状态的小扰动能使其回到能量的局部最小值。然而，局部最小值必须由最大值分隔。这些局部最大值是不稳定的，因为一个扰动就会把系统推到一个局部最小值状态中。但是系统可以保持这个局部最大值很长时间，就像一个球在滚动到山底之前，可能在山顶停留很长一段时间。

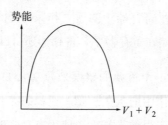

图 4-60　寄存器的能量与系统状态

寄存器到达亚稳态时的行为如图 4-61 所示。输出电压可以采取两条路径中任意一条的电压值，一个朝向 V_{DD}，另一条朝向 V_{SS}。它采取哪条路径取决于其内部状态和环境条件的细节。电路并不会可靠地选取一条路径而非另一条。它朝着最终目的地的移动是以指数方式增长的，一旦向一个方向移动，就会快速移动到稳定状态。

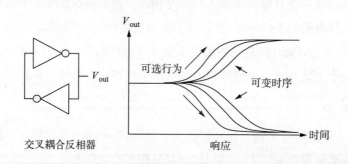

图 4-61　亚稳指数分散

寄存器最终稳定在错误值的情况只是问题的一部分，寄存器稳定在有效逻辑值的时间可能在巨大的时间范围内变化。亚稳态的临时不确定性意味着，无论等待多长时间，寄存器总是有进入不稳定状态的机会。

需要注意的是，亚稳态是设计计算机时的内在结果，可以最大限度地减小它，但不能完全消除它。使用连续物理量来表示离散值，使用能量势垒来分别表示不同的离散状态值。能量势垒必然在稳定区域之间产生亚稳态区域。

可以将寄存器的亚稳态错误概率建模为：

$$P_E = P_E P_S \tag{4.26}$$

其中，P_E 是在寄存器中存储亚稳态的概率；P_S 是寄存器在使用之前不能将值解析为有效状态的概率。

如图 4-62 所示，寄存器容易在建立和保持间隔期间存储亚稳态值。可以将寄存器输入的亚稳态概率建模为在时钟周期 Δ 上均匀分布的概率，因此存储亚稳定态值的概率是：

$$P_E = \frac{t_{SH}}{T} \tag{4.27}$$

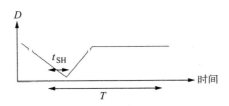

图 4-62　亚稳态的易损区间

在允许的时间内，寄存器值不被解析的概率可以建模为泊松过程 [Swa60]：

$$P_S = e^{-s/\tau} \tag{4.28}$$

寄存器必须解析亚稳态值的时间为 S。图 4-63 所示为稳定窗口在建立 / 保持窗口之后。稳定窗口所需的时间应该此时钟周期小，因为该值在使用之前必须先解析。长稳定窗口能够减少出错的机会，但它也会切入可用的时钟窗口，因为该值直到稳定窗口结束前都不能使用。

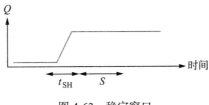

图 4-63　稳定窗口

对寄存器中反馈的分析有助于理解解析故障的过程 [Gin11]。我们看到耦合反相器的输出之间电压差具有指数形式：

$$V = Ke^{-t/\tau} \tag{4.29}$$

式（4.20）中的时间常数给出了寄存器将值从亚稳定区域放大到稳定区域的速度。该时间常数不总是由寄存器电路的设计者提供，通过估计它可以计算故障率。然而，寄存器中的高增益放大器将会导致很短的时间常数，这减少了解析亚稳态值所需的时间。

结合式（4.27）和式（4.28），亚稳态故障的概率是：

$$P_F = \frac{t_{SH}}{T} e^{-s/\tau}\qquad\qquad (4.30)$$

例 4.7　亚稳态故障

时钟频率为 1GHz，寄存器的建立 / 保持时间为 10ps。如果允许 $S = 0.5$ns 来解析亚稳定值，并且稳定时间 $\tau = 10$ps，那么

$$P_F = \frac{0.01\text{ns}}{1\text{ns}} e^{-0.5\text{ns}/0.01\text{ns}} = 1.93 \times 10^{-24}$$

但是，请记住，这是单个寄存器读取的故障概率。在 1GHz 的时钟频率下，寄存器每秒执行 10^9 次寄存器操作，可计算出执行 1s 时故障概率为 $P_{F,1G} = 1.93 \times 10^{-15}$。

亚稳态故障不能消除，但可以使其不经常发生。如图 4-64 所示，可以减少同步失败的概率。一个寄存器读入该值，然后在使用前读入到另一个寄存器中。重采样数据值显著地扩展了 S 值：第一个寄存器提供了一个完整的时钟周期用于解析，这远远长于单寄存器的情况。必须调整时序机的设计，以考虑到额外的时钟周期延迟。

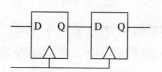

图 4-64　双寄存器同步器

在不同时钟周期的边界，采取措施以减少亚稳态是尤其重要的。不同的逻辑块可以以不同的时钟速率运行，这有几个不同的原因：电源管理降低了芯片中部分电路的时钟频率，而另一部分的时钟频率保持不变；I/O 系统通常以较慢的时钟速度运行，以降低其成本。正如将在第 5 章中看到的，可能无法以足够快的速度在整个芯片上分配时钟，这导致逻辑块在自己的时钟上运行。

4.5　小结

- 组合逻辑的事件模型和门级延迟模型，允许抽象出数字电路的行为。
- 逻辑门的增益有助于恢复逻辑电平。
- 增益提高了逻辑信号的动态响应。
- 电源网络受噪声的影响，从而影响数字逻辑的操作。
- 长导线建模为传输线，其电压是空间和时间的函数。

- 噪声源包括信号耦合、电源噪声和输入 / 输出耦合。
- 同步机通过时钟来控制计算值的时间，寄存器用于状态存储。
- 在时钟控制的寄存器设计中，亚稳态是一个根本性的问题。

习题

4-1 对于下面的逻辑电路网络，给出在下列各种情况中每个门输出端的事件发生的时间表格：

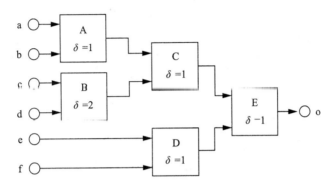

a. 在 $t = 0$ 时，所有输入 a ～ f 的接收事件。

A	1
B	2
C	2, 3
D	1
E	2, 3, 4

b. 输入 b 和 c 在 $t = 0$ 时接收事件，输入 e 在 $t = 1$，2，3 时接收事件。

A	1
B	2
C	2, 3
D	1, 2, 3
E	2, 3, 4

c. 在 $t = 0$，2 时输入 a 和 c 接收事件，在 $t = 2$，3 时输入 e 接收事件。

A	1, 3
B	2, 4
C	2, 3, 4, 5
D	3, 4
E	3, 4, 5, 6

4-2　对于下面的逻辑网络：

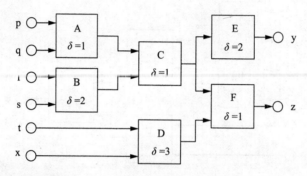

　　a. 找到延迟分析的前向权重。

　　b. 找到延迟分析的后向权重。

　　c. 查找关键路径。

4-3　对于下面的逻辑网络：

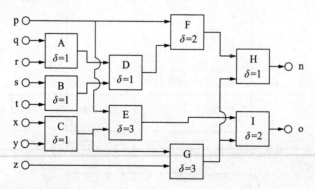

　　a. 找到延迟分析的前向权重。

　　b. 找到延迟分析的后向权重。

　　c. 查找关键路径。

4-4　一组门具有 $V_{IL} = 0.25V$，$V_{IH} = 0.6V$，$V_{OL} = 0.1V$，$V_{OH} = 0.85V$。需要多少地弹噪声，才能使得一个逻辑门无法将逻辑 0 发送到另外一个门？

4-5　一个逻辑块包含 1000 个门，每个门具有的参数为 $R_t = 9k\Omega$、$C_1 = 1.8pF$，电源电压为 1V。

　　a. 基于电阻模型，每个门的最大吸收电流是多少？

　　b. 如果所有的门中最大吸收电流的持续时间为 20ps，那么需要多大的去耦电容，以维持电源电压的波动为 10%？

4-6　逻辑块在 1V 的电源电压下工作，并且可以容许 10% 的电源反弹。每个门具有的参数为 $R_t = $

$20\mathrm{k}\Omega$，$C_1 = 3\mathrm{pF}$。

    a. 绘制 $t = 1\,\mathrm{ns}$，$100 \leqslant n \leqslant 10000$ 时去耦电容。

    b. 绘制 $n = 1000$，$0.1\mathrm{ns} \leqslant t \leqslant 10\mathrm{ns}$ 时去耦电容。

4-7   芯片电源为 1.1V，吸收 10 A 的电流时，引脚电感为 2nH。当电流在 1ns 时间内从 0 变为最大值时，需要多少个 V_{DD} 引脚，才能限制经过引脚的最大电压降为 0.1V？

4-8   使用电阻 R 和电阻率 ρ 之间的关系，证明芯片上的导线电阻，可以用 $\Omega/\blacksquare$ 作为单位来度量。

4-9   室温下铜的电阻率为 $17 \times 10^{-19}\,\Omega \cdot \mathrm{m}$，片上导线的厚度为 20nm。

    a. 它的薄层电阻是多少？

    b. 长度为 1mm，宽度为 20nm 的导线的电阻是多少？

4-10 考虑一组具有耦合电容和接地电容的导线。两条导线具有相同的均匀宽度 $W = 20\mathrm{nm}$ 和高度 $H = 15\mathrm{nm}$。单位接地电容为 $30\mathrm{aF/\mu m^2}$，单位耦合电容为 $0.35\mathrm{aF/\mu m}$，薄层电阻为 $5\,\Omega/\blacksquare$。绘制接地和耦合电容值随长度在 $1\mu\mathrm{m} \leqslant L \leqslant 100\mu\mathrm{m}$ 范围内的变化曲线（分别绘制曲线）。

4-11 考虑几根具有耦合电容和接地电容的导线。单位接地电容为 $20\mathrm{aF/\mu m^2}$，单位耦合电容为 $0.9\mathrm{aF/}$ $\mu\mathrm{m}$，导线宽度为 10nm，薄膜电阻为 $5\,\Omega/\blacksquare$。计算每根导线的 Elmore 延迟，将 Elmore 模型分为 5 个分段。

    a. $L = 1\mu\mathrm{m}$

    b. $L = 10\mu\mathrm{m}$

    c. $L = 50\mu\mathrm{m}$

    d. $L = 1\mathrm{mm}$

4-12 导线的单位电容为 $10\mathrm{aF/\mu m^2}$，薄层电阻为 $5\,\Omega/\blacksquare$，导线为 $10\mu\mathrm{m}$ 长，20nm 宽。绘制 $2 \leqslant n \leqslant 10$ 时的 Elmore 延迟。

4-13 制造工艺给出的单位电容为 $10\mathrm{aF/\mu m^2}$ 和薄层电阻 $5\,\Omega/\blacksquare$。在这个过程中制造的导线由 3 个线段相接：分段 1 具有的参数为 $W = 50\mathrm{nm}$，$L = 100\mathrm{nm}$；第 2 个分段 $W = 25\mathrm{nm}$，$L = 300\mathrm{nm}$；第 3 个分段具有的参数为 $W = 15\mathrm{nm}$，$L = 600\mathrm{nm}$。它的 Elmore 延迟是多少？假设每个线段只有一个分段。

4-14 在图 4-57 中，如果在寄存器 1 后接收到时钟信号 φ，寄存器 2 的有效时钟周期是多少？

4-15 给出晶体管的参数为 $R_{\mathrm{n}} = 12\mathrm{k}\Omega$，$R_{\mathrm{p}} = 25\mathrm{k}\Omega$，$C_{\mathrm{L}} = 2\mathrm{pF}$，系统的时钟周期 T 等于 n 个反相器链的延迟。如果有效电阻和负载电容变化范围为 $\pm 20\%$ 之间，那么作为 n 的函数这个系统的最好情况和最坏情况时钟周期分别是多少？使用 RC 模型和 50% 延迟估计。

4-16 对于下列两组参数，绘制兰特规则的 N_{p} 值随 $100 \leqslant N_{\mathrm{g}} \leqslant 10\,000$ 的变化。

    a. 兰特经典参数 $r = 0.6$，$K_{\mathrm{p}} = 2.5$。

    b. 微处理器参数 $r = 0.45$，$K_{\mathrm{p}} = 0.82$。

4-17 1974 年的一个微处理器芯片有 1500 个门和 40 个引脚。

    a. 如果 $r = 0.6$、$K_{\mathrm{p}} = 2.5$，那么按照兰特规则预测，这个芯片应该需要多少个引脚？

    b. 如果 $r = 0.45$、$K_{\mathrm{p}} = 0.82$，则按照兰特规则预测，这个芯片应该需要多少个引脚？

4-18 时钟周期为 1ns，组合逻辑的主输入连接到寄存器 A，逻辑的主输出连接到寄存器 B。寄存器 A 的时钟延迟 0.1ns 后到达，而寄存器 B 的时钟没有延迟，组合逻辑延迟的最大容限是多少？忽略建立/保持时间。

4-19 寄存器的建立/保持时间为 0.005ns，系统的时钟周期为 0.5ns。假设 $\tau = 1\mathrm{ps}$，解析时间 S 为 0.1ns。它的亚稳态失效概率是多少？

4-20 寄存器有 $t_{\mathrm{setup}} = 0.01\mathrm{ns}$，$t_{\mathrm{hold}} = 0.01\mathrm{ns}$，系统的时钟周期为 0.5ns。假设 $\tau = 10\mathrm{ps}$，绘制 $\log P_{\mathrm{f}}$ 随 $100\mathrm{ps} \leqslant S \leqslant 1\mathrm{ns}$ 的曲线。

处理器与系统

5.1 引言

现在我们已经知道如何创建时序机了，下一步我们将设计完整的计算机系统：处理器、存储器以及它们之间的互联结构。我们的关注点不是放在指令集上，而是放在计算机系统的物理层面以及它们如何影响性能、能耗和可靠性方面。我们将看到计算机设计中的一些基于物理的问题可以由基于物理的方法来解决，而另外一些问题只能通过其他的途径来解决。

图 5-1 展示了一个典型计算机系统的结构：

- CPU 或处理器执行计算
- 存储器存储指令和数据
- I/O 设备提供输入和输出
- 总线互连所有组件

图 5-1 所示的框图描述了图灵和冯·诺依曼两种模型：图灵机提供播放磁带的处理器以及存储器；冯·诺依曼模型描述了 CPU 和内存，总线传输操作所需的地址、数据和控制信号。I/O 设备允许我们与设备进行交互并查看其操作。

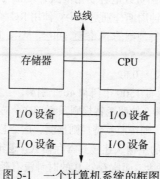

图 5-1 一个计算机系统的框图

计算机系统是为各种各样的应用而构建的。本章我们将研究计算机应用的两个方面：便携系统和服务器系统。

便携系统（智能手机、平板电脑、笔记本电脑等）经常需要尽可能消耗少的能量，同时提供非常高的性能。而它们的电池往往只能提供有限的能量，每次操作所需的能量越高，意味着电池的寿命越短。在这些系统中，由于受限于热容量，所以功耗也十分重要。很多现代笔记本电脑都有风扇来帮助该电子产品散热，而智能手机却没有类似的散热风扇。

服务器系统在固定位置运行，并直接从电网获取所需的电力。由于服务器可以在非常高的功率下运行，所以它们的热特性能显得至关重要。

我们现在可以看到组件的属性是如何影响整个计算机系统的行为的。与之前一样，我们集中关注性能、功耗和可靠性 3 个方面。首先，将简单介绍几个与系统可靠性相关的概念。5.3 节讨论 CPU，而在 5.4 节研究存储器。5.5 节解释大容量存储设备的操作以及它们对性能的影响。5.6 节评估便携系统和服务器系统的功耗。5.7 节研究热传递以及热与可靠性之间的关系。

5.2   系统可靠性

尽管 CMOS 门的误码率极低，但由多组件组成的系统必须有极高概率的可靠性才能保证系统可靠性达到合理水平。Sieworek 和 Swarz [Sie82] 描述了计算机系统可靠性建模的基本准则。

通常将组件的基本可靠性建模为**故障率** $f(t)$ 或单位时间内的失效概率。从这个基本的故障率出发，我们可以计算出从 0 到 t 的更长时间间隔内的**累积失效率**：

$$F(t) = \int_0^t f(t)\mathrm{d}t \qquad (5.1)$$

可靠性函数为：

$$R(t) = 1 - F(t) \qquad (5.2)$$

$R(t)$ 给出了在 $[0, t]$ 区间内不发生故障的概率。我们也可通过**冒险函数**来表征系统：

$$z(t) = \frac{f(t)}{1 - F(t)} \qquad (5.3)$$

$z(t)$ 给出了单位时间内的瞬时故障数。

故障的平均时间为：

$$\mathrm{MTTF} = \frac{总时间}{故障数} \qquad (5.4)$$

其中 MTTF 通常由实验测得。

通过假设单位时间为单个时钟周期，可以建立一个数字系统的简单概率模型。组件在该时钟周期内的任何时间发生故障，都将会导致系统故障。在此模型中，设备或者有效或者故障：

$$P_{\text{err,dev}} + P_{\text{OK,dev}} = 1 \qquad\qquad (5.5)$$

其中 $P_{\text{err,dev}}$ 是设备在一个时钟周期内的故障概率；$P_{\text{OK,dev}}$ 是该设备在该时钟周期内不会出现故障的概率。如果任何设备在一个时钟周期内出现故障，那么都将导致整个系统出现故障。单个设备在一个时钟周期内有效的概率为：

$$1 - P_{\text{err,dev}} \qquad\qquad (5.6)$$

所有 n 个设备在该时钟周期内都保持有效的概率为：

$$P_{\text{OK,sys}} = (1 - P_{\text{err,dev}})^n \qquad\qquad (5.7)$$

这意味着具有 n 个设备的系统在单个时钟周期内发生一个错误的概率为：

$$P_{\text{err,sys}} = 1 - (1 - P_{\text{err,dev}})^n \qquad\qquad (5.8)$$

式（5.8）仅仅描述了一个时钟周期内的故障概率，我们也应该考虑多个时钟周期内的系统可靠性问题。通过利用基于时钟周期的故障概率，我们可以将可靠性计算简化为一种离散形式，在这种情况下，系统不会在区间 $[0, N]$ 内的每个周期都失效。系统在 N 个时钟周期内的可靠性为：

$$R_{\text{sys}}(N) = (1 - P_{\text{err,sys}})^N \qquad\qquad (5.9)$$

可靠性方程的形式表明，计算机系统可靠性的数学公式是令人生畏的——计算机执行大量的操作意味着系统的每个组件都必须极其可靠，以避免故障概率达到难以接受的程度，从而导致系统无法正常运行。

例 5.1 设备与系统错误率

最早的微处理器之一，英特尔 8008，拥有大约 3400 个晶体管。假设这些微处理器中单一晶体管的错误概率为 1×10^{-6}。虽然这个错误概率远远高于实际的错误概率，但可以用于证明这点。在这个假设下，这个芯片在一个时钟周期内的错误概率为：

$$P_{\text{err,sys}} = 1 - (1 - 10^{-6})^{3500} = 0.0035$$

可以看到系统错误概率远远高于组件的错误概率。我们也经常用**若干个 9** 来表征可靠性。在这种情况下，组件具有 5 个 9 的可靠性，而对于具有 0.9965 可靠性级别的芯片来说，却只有 2 个 9 的可靠性。如果晶体管的错误概率为 1×10^{-9}（9 个 9），则系统的错误概率将增加到：

$$P_{\text{err,sys}} = 1-(1-10^{-9})^{3500} = 3.49 \times 10^{-6}$$

8080 以 800kHz 的时钟频率运行。在该时钟频率下，可靠性仅为 0.94，即只有 1 个 9。等价地，在该间隔内的故障概率为 0.06。

考虑到现代芯片拥有数十亿个器件，运行的时钟频率为每秒数十亿次。所以我们需要极其可靠的器件来构建具有合理可靠性的系统。现在考虑一个具有数十亿个晶体管的芯片，每个晶体管的错误概率为 1×10^{-9}，由此可以得出一个时钟周期内的错误概率为 0.6321。如果芯片在 1GHz 的频率下运行，其运行 1s 的可靠性将接近于 0。为了获得合理的系统可靠性，我们需要器件具有更高的可靠性。

要点 5.1

可靠的系统需要极度可靠的组件。

电子元件的故障率遵循一种称为**浴盆曲线**的特征形状。如图 5-2 所示，早期的故障率很高，然后在相当长的时间内稳定在较低水平，而后再度上升。早期的故障率称为**早期失效率**。自然制造上的不同导致一些组件具有边际特性，这将导致这些组件在运行几个小时之内发生故障。老化操作使得制造商在给客户发货之前捕获到这些问题组件。使用一段时间后，各种物理上的**老化效应**又将导致故障率上升。低故障率间隔的时间长度取决于组件的设计——消费级器件的设计寿命通常比工业级器件要短。我们将会在 5.7.3 节中讨论热量在可靠性及寿命中扮演的角色。

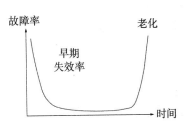

图 5-2　故障率的浴盆曲线

5.3　处理器

CPU 是一个复杂的机器，但是一些基本的物理原理对于理解处理器设计是至关重要的。在回顾现代处理器的一些特性之后，我们将研究 CPU 设计中的 3 个关键问题：总线、全局通信和时钟分配网络。

5.3.1　微处理器的特性

ITRS 路线图展示了在芯片级的几个主要趋势。如表 5-1 所示，路线图分为低成本段和高性能段两部分。我们可以看到，根据理想的缩放比例，功耗并不像预测的那样大。高性能芯片与低成本芯片之间的时钟频率差别较小。低成本芯片与高性能芯片之间的一个重要差别是必须提供的引脚数目。我们将看到，在芯片上提供电源引脚是高引脚数的重要驱动因素之一。正如我们在 4.3.4 节中所看到的，一旦系统集成到足够高的水平，兰特规则参数将变得不那么激进了。值 $r = 0.45$，$K_p = 0.82$ 刻画了微处理器的情况。兰特规则在最初构建时，内存接口和总线比随机逻辑需要更少的引脚。与随机逻辑在数十亿晶体管的集成需求相比，高集成已经减少了对封装引脚的要求。

现代微处理器表现出了复杂的存储器层次结构。即使价格低廉的嵌入式处理器通常也都包括高速缓存和板载闪存存储器。对于高性能微处理器，内存的层次甚至更加复杂。图 5-3 展示了一个具有相对大小和存取时间（这里的时钟频率是 1 GHz）的复杂存储器的层次结构。即使在 SRAM 和 DRAM 的范围内，我们也可以看到 80：1 的性能差和 3×10^7：1 的尺寸差。当考虑既用于虚拟内存又用于文件存储的大容量存储设备时，尺寸和性能上的比值差会变得更大。内存层次结构复杂的原因在于，我们无法创建一个单一的内存结构来跨越所有方面：尺寸、性能和易失性。复杂的内存层次结构是计算机架构工程师适应半导体技术局限性的结果。

表 5-1　来自 ITRS 路线图的封装趋势

	2011	2014	2017	2020	2023
性价比芯片					
功率	161	152	130	130	130
I/O 数目	728～3061	800～4075	960～5423	1050～7218	1212～8754
性能（GHz）	3.744	4.211	4.737	5.329	5.994
高性能芯片					
功率	161	152	130	130	N/A
I/O 数目	5094	5896	6826	7902	9148
性能（GHz）	3.744	4.211	4.737	5.329	5.994

一个**平面布局图**描述了一个芯片在高层抽象下的物理设计。如图 5-4 所示，平面布局图设计中的单元等同于系统框图中的组件，组件将设计划分为分区的方式，可能在逻辑和物理设计上有所不同。平面布局图应该大致按比例绘制。块的相对大小十分重要，同时长宽比也很重要。平面布局图可以帮助芯片设计师对其设计做出预估，尤其是当芯片的最大面积必须满足给定规格时。图 5-5 所示的板图显示出对芯片上不同模块的结构放大后，可以将它们看得一清二楚。

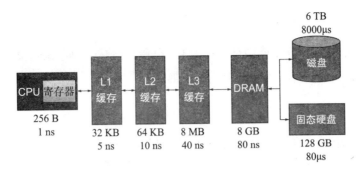

图 5-3　跨内存层次结构的相关访问次数

图 5-4　一个芯片的平面布局图

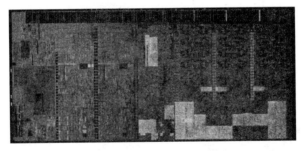

图 5-5　Broadwell 处理器的板图（由英特尔公司提供）

我们接下来考虑对性能和系统功耗都有重大影响的 CPU 的两个子系统：总线和时钟分配网络。这两个子系统都受到芯片平面布局图中组织结构的影响。

5.3.2　总线和互连

计算机系统中的总线负责连接所有主要组件，并允许它们相互通信。数据通路中的局部总线用于连接所有功能单元和寄存器阵列。更大范围的总线则将处理器连接到内存和 I/O 系统上。许多现代芯片使用片上网络，这种网络可以提供更加复杂的互连拓扑和使用基于分组的通信方式。设计的物理原理在上述两种情况下都是相似的，为了简单起见，我们将专注于研究与总线相关的内容。

我们可以通过图 5-6 所示的长导线的简单模型来理解缓冲的概念。导线一端由反相器驱动连接，另一端由接收端连接。驱动端建模为驱动电阻 R_b，而接收端则建模为负载电容 C_b。导线本身由 Elmore RC 模型表征。当我们将一系列缓冲导线段级联在一起时，前一段导线的接收器将成为下一段的驱动器。

虽然导线中间的各分段模型是标准的 RC 分段，但是必须考虑到位于导线两端的驱动器和接收器。导线的第一个分段具有以下形式：

$$(R_b + r)c \qquad (5.10)$$

其中线段阻抗为 r 和 c。导线的最后一个分段包含负载电容，它具有以下形式：

$$(nr + R_b)(C_b + c) \qquad (5.11)$$

导线的中间分段（2，…，$n-1$）为 RC 分段。完整的缓冲导线分段延迟可以近似为：

$$t_{seg} = (R_b + r)c + \sum_{2 \leqslant \leqslant (n-1)} (n-i)rc + (nr + R_h)(C_h + c)$$

$$= (R_b + r)c + \frac{1}{2}(n-1)(n-2)rc + (nr + R_b)(C_b + c) \qquad (5.12)$$

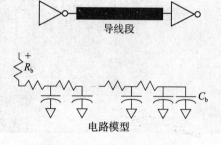

图 5-6　长导线上的缓冲模型

对于短导线，缓冲电阻和电容将成为延迟的主导因素。随着导线长度的增加，导线的延迟将成为一个重要因素。

如图 5-7 所示，我们想比较一个长导线段和两个短导线段的延迟。为公平起见，每种情况下的总晶体管面积 A 是相等的。当在导线的中间位置放置一个缓冲器时，每个驱动器都有一个有源面积为 $A/2$ 的晶体管。每个具有一半长度的分段，都有 $n/2$ 个 RC 分段和大约为全长 1/4 的延迟。

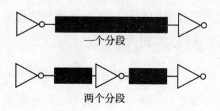

图 5-7　一个长导线段与被分割为两个分段的导线

由于两个半长分段是串联的，所以有缓冲导线的总延迟是无缓冲时的一半。在这种情况下，有缓冲导线的总延迟是它的两个缓冲分段延迟的总和。相比之下，当直接将两个 RC 传输线相连时，我们不能简单地通过将两个分段的 Elmore 延迟相加而得到总延迟。Elmore 分析告诉我们，第二个分段的电容是通过两段导线的电阻来进行充电的。当使用反相器为导线之间提供缓冲连接时，缓冲器充当电阻链的端点，分段电容通过电阻链进行充电。该缓冲器将导线上的信号放大并整形信号沿，增加信号的斜率和减少失真。因此，我们可以将两个缓冲段的延迟视为独立的并可将其加起来。

对于缓冲导线的情况，可以将式（5.12）进行修改。如果 N 是缓冲导线的段数，则每个段有 n/N 个 RC 分段。每个分段都与原始导线中的一个 RC 部分具有相同的尺寸。一个分段的延迟可以表示为：

$$t_{\text{bseg}} = (R_{\text{b}} + r)c + \frac{1}{2}\left(\frac{n}{N} - 1\right)\left(\frac{n}{N} - 2\right)rc + \left(\frac{n}{N}r + R_{\text{b}}\right)(C_{\text{b}}' + c) \tag{5.13}$$

缓冲线的总延迟为：

$$t_{\text{bwire}} = N\left[(R_{\text{b}} + r)c + \frac{1}{2}\left(\frac{n}{N} - 1\right)\left(\frac{n}{N} - 2\right)rc + \left(\frac{n}{N}r + R_{\text{b}}\right)(C_{\text{b}} + c)\right] \tag{5.14}$$

对于适当数目的缓冲器，延迟主要取决于导线分段的 Elmore 延迟。由于每个缓冲分段的长度远远短于原始导线，所以缓冲改进了延迟。当我们沿着导线添加更多的缓冲时，阻抗和缓冲延迟逐渐成为延迟的主导因素，从而导致最终的总延迟增大。这意味着我们可以找到一个最优的缓冲器数目从而最小化导线延迟。图 5-8 展示了总延迟与沿着导线的缓冲器数目之间的函数关系。这个简化的分析忽略了几个影响因素：信号进入缓冲区将会有一个缓慢的上升时间这会增加缓冲器的延迟；实际的导线会有电感效应等。但是这个模型表明，通过缓冲进行长导线上的信号恢复有着明显的优势。

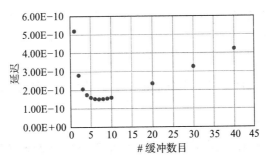

图 5-8　延迟与缓冲器数目的关系

连接到总线上的逻辑电路对总线性能也有显著的影响。我们可以估计通过总线的延

迟并将其作为连接系统的复杂性函数 [Ser07]。如图 5-9 所示，总线连接 N 个为**核**的单
元。如果我们将长度归一化为核的大小，假设所有核都有相同的大小，那么总线的长度
与它连接的核数量是成正比的。一个核用总线将值发送到另一个核。每个核都必须能够
以所需的速度驱动总线，因而需要大的驱动器晶体管。总线的电容是决定驱动器尺寸大
小的一个因素。然而，核自身的电容性负载是另一个重要因素。每个核都有一个接收电
路，这里为寄存器。接收电路在其输入端存在电容。即使核没有主动侦听总线，该电容
也总是连接到总线上的。每个核必须能够驱动总线线路电容和由核产生的负载电容。

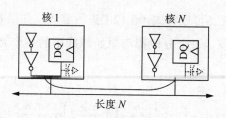

图 5-9　总线延迟模型

总线上的延迟主要有两部分：由核在总线上传输数据产生的驱动延迟，以及总线本
身的延迟：

$$\delta_{\text{bus}} = \delta_{\text{in}} + \delta_{\text{wire}} \tag{5.15}$$

这里使用驱动大负载的公式来表征驱动器延迟（使用 k 表示驱动器级数）：

$$\delta_{\text{in}} = k\left(N \frac{C_{\text{L}}}{C_{\text{g}}} \right)^{1/k} \tag{5.16}$$

我们使用 Elmore 延迟表示总线上的延迟（假设延迟中不含中继器）：

$$\delta_{\text{wire}} = \frac{1}{2} rcN(N-1) \tag{5.17}$$

我们可以将总线延迟重写为：

$$\delta_{\text{bus}} = k_1 (C_{\text{L}} N)^{1/k} + k_2 N^2 \tag{5.18}$$

其中 k_1 和 k_2 是从组件公式中推导出的常量。此公式显示出总线延迟取决于总线连
接的核数的平方。

芯片与芯片之间的通信是许多系统的技术瓶颈。PCI Express（PCIe）[Bud04；Int14]
广泛应用于系统级互连。PCIe 互连网络并不是基于总线结构的，相反，它使用含有交
换机的端到端连接来实现多个设备的互连。这种链路可以构建为多种宽度：×1，×2，

×4，×12，×16或者×32。通过链路连接的两个设备具有同时双向连接功能，这使得这些链路是全双工的。链路上的通信可划分为数据包的形式。这些链路的物理层被优化为非常高速的通信，并且不在设备之间分配时钟。没有显式时钟的高速通信要求时钟可以从数据中恢复，这要求物理层比特流以某一最小速率转换。PCIe 使用 8 ~ 10 位的码字，以确保至少每五位发生一次转换。

5.3.3 全局通信

数据传输的速度基本限制了计算机的运行。鉴于现代微处理器的高时钟速率，这一点尤其正确。接下来的两个例子将从不同的角度来看数据的速度。

例 5.2 数据速度

即使数据在真空中以光速移动，它在一个千兆赫兹时钟周期的持续时间内也不会移动得太远。假设一个时钟周期：

$$T = \frac{1}{f} = 10^{-9}\,\text{s}$$

若数据以光速传输，表示一位脉冲在一个时钟周期内可以行进的距离为：

$$d = cT = 3 \times 10^8\,\text{m/s} \cdot 10^{-9}\,\text{s} = 3 \times 10^{-1}\,\text{m}$$

数据在实际 RC 传输线上的速度要比光速低很多，假设导线宽度为 0.1μm，长度为 10^4μm，则有：

$$r = 0.04\,\Omega/\blacksquare \times (1\mu\text{m}/0.1\mu\text{m}) = 0.4\,\Omega$$
$$c = 0.5\,\text{aF}/\blacksquare\,\mu\text{m} \times (1\mu\text{m}/0.1\mu\text{m}) = 5\,\text{aF}$$
$$\delta = \frac{1}{2}rcn(n+1) = \frac{1}{2}(0.4\,\Omega) \times (5\,\text{aF}) \times 10^4 \times (10^4 - 1) = 10^{-7}\,\text{s}$$
$$v = \frac{1}{\delta} = \frac{10^{-2}}{10^{-7}} = 10^5\,\text{m/s}$$

RC 传输线上的脉冲在一个时钟周期内只能走很短的距离：

$$d = vT = 10^5\,\text{m/s} \cdot 10^{-9}\,\text{s} = 10^{-4}\,\text{m} = 100\mu\text{m}$$

这个简单的模型在某种程度上是悲观的，但是信号在线路上的传播速度确实意味着在单个周期中数据不能在当今的高时钟频率下穿过大芯片。

从行星级大小的计算机设计中，可以看出在大芯片上分配时钟信号所面临的挑战。在科幻小说，特别是在科幻电影《禁忌星球》中，人们想象出了行星规模大小的计算机。

例 5.3 **行星级计算机**

NASA（美国国家航空和宇宙航行局）

我们将用地球作为行星尺度来衡量计算机的模型。下面是地球的基本测量数据：

平均半径	6371km
体积	$1 \times 10^{12} \text{km}^3$
总面积	$510 \times 10^6 \text{km}^2$
陆地面积	$149 \times 10^6 \text{km}^2$

为了简单起见，假设只使用深度为 10 km 的计算机来填充行星级尺寸的计算机。这仍然使得机房的总体积高达 $5 \times 10^9 \text{km}^3$。如果假设每台计算机的尺寸为 $0.5\text{m} \times 0.1\text{m} \times 0.5\text{m} = 0.025\text{m}^3 = 25 \times 10^{-9} \text{km}^3$。这意味着我们的行星级机房容纳了 2×10^{20} 台计算机。如果每台计算机的功耗为 100W，那么这台行星级计算机的总功率为 2×10^{22} W。如果假设时钟频率为 1GHz，每个时钟周期可以处理一条指令，那么这台行星级计算机每秒可以执行 200×10^{24} 条指令。如果假设每台计算机有 1GB 的 RAM 和 1TB 的硬盘，那么系统一共有 200×10^{24} 字节的 RAM 以及 200×10^{27} 字节的硬盘。像这么大的硬盘可以容纳约 8×10^{15} 部高清电影。

虽然行星级计算机的容量令人印象深刻，但它的速度却不尽如人意。系统的数据延迟最终受到光速的限制。即使将数据直接以光速通过行星级计算机的核，在它表面上相对两点的数据传输延迟都为 42ms。作为比较，英特尔 4004（1971 年推出的第一个微处理器）的时钟速度为 9μs。

通过重新设计行星级尺寸计算机可以解决时钟分配问题，这样计算机可以执行各种类型的工作。完全同步的组织架构非常适合大型单一的计算任务。**阿姆达尔定律**（Amdahl's law）认为，大多数这样的程序都存在可以并行和不可并行的部分，如图 5-10 所示。它基于任务 P 可并行化的部分以及该任务可并行的任务数目 N，来计算可能的加速比：

$$S(n) = \frac{1}{(1-P) + \dfrac{P}{N}}$$

（5.19）

当今的很多计算任务都可以通过将其划分为大量的小任务来执行，例如，网页访问以及数据库操作。这些小任务不需要在相同的时钟上工作，且每个处理器内部都是按照自己的物理时钟而非行星级系统的时钟频率运行的。光速在这里仍然会限制所有任务之间所需的通信，如图 5-11 所示。

图 5-10   阿姆达尔定律中，一个任务的串行和并行组件

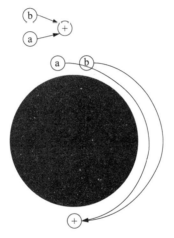

图 5-11   任务间的通信延迟

5.3.4   时钟

大芯片中的关键问题之一是时钟信号的合理分配。在第 4 章中看到时钟偏移可能会产生时序违规。还需要确保时钟信号上的阶跃具有陡峭的边沿，从而保证由时钟控制的晶体管能够快速地导通和关断。如图 5-12 所示，时钟信号需要对其上升时间有严格的约束。上升和下降时间以及时钟偏移都被纳入时钟周期内可用的时间，以执行计算任务。

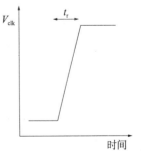

图 5-12   时钟信号的上升时间

时钟信号的上升时间通常设计为其周期的 10% 或更少。一个上升时间占 10% 的 2GHz 时钟信号的上升时间为 50ps[Ish16]。

时钟分配面临两个主要问题。第一个明显是长距离覆盖问题。例如，一个边长为 1cm 的芯片，从单点开始需要分配的时钟信号线的长度，可能比晶体管沟道的长度多一百万倍。

第二个问题可能没有那么明显——时钟信号本身包含巨大的电容负载。时钟信号连接到成千上万个寄存器上，每个寄存器都是时钟信号的一个电容负载。除此之外，承载时钟信号的导线本身也有电容。巨大的电容使得时钟信号很难创建所需的陡峭的时钟边沿，同时还需要强大的电流支持。时钟也是许多芯片消耗能量的最大来源。

例 5.4　时钟网络的电容负载

动态寄存器最简单的形式是有一个晶体管栅极连接到其时钟输入上。如果 $C_g = 0.9\text{fF}$，那么 10 000 个寄存器将产生 90nF 的电容负载。

我们假设时钟信号的振幅为 1V，则时钟网络上所需的电荷为 $q_c = C\Delta V = 9\times10^{-10}$ $\text{F}\cdot1\text{V} = 9\times10^{-10}\text{C}$。如果需要的上升时间为 100ps，那么对时钟电容进行充电所需要的电流大小为：

$$I_c = \frac{q_c}{t_r} = \frac{9\times10^{-10}\text{C}}{100\times10^{-12}\text{s}} = 9\text{A}$$

要点 5.2

在现代高性能微处理器中，时钟分配约占总功耗的 30%。

大的电容性负载为我们提供了解决问题的线索——3.4.3 节中用于驱动大负载的指数型渐变缓冲器。两种情况之间的区别是，原始问题假设的是单个大电容性负载情况，如封装上的引脚，而在这种情况下，容性负载则分布在整个芯片上。

因为需要将时钟发送到芯片上许多不同的位置，因此可以将时钟信号转换成**树型结构**。（一些时钟分配网络使用网格互连，但是这种网络更加难以分析。）如图 5-13 所示，与单条蛇形时钟导线到达芯片上各个位置相比，从时钟源到达每个寄存器的时钟树结构具有更短的连接路径。

因为时钟必须分布在二维芯片上，因此必须找到一种方法来组织时钟树，从而将时钟信号分配到芯片的所有部位。一种简单而有效的组织结构是利用 H 树，如图 5-14 所示，之所以这样命名，是因为它采用了越来越小的字母 H 的形式。当芯片中各个部位的寄存器数目大致相同时，H树的效果是最好的。对于寄存器分布不均匀的芯片，可以为之创建专用的不平衡时钟树。一些芯片也使用网格结构来分配时钟。

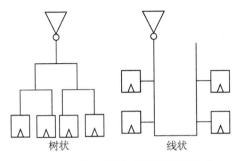

图 5-13　树状时钟与线状时钟的比较

从最优缓冲器尺寸出发，我们将为时钟树添加缓冲器。如图 5-15 所示，一种自然放置缓冲器的方式是将缓冲器放置于树的分支点处。树的**分支因子** b——离开给定分支点的分支数目——决定了每个缓冲器必须驱动的电容负载的数目。（为了简单起见，这里忽略了时钟树本身导线的电容。）在图示情况下 $b = 2$，所以每个缓冲器驱动的电容大小为 $2C_L$。

图 5-14　时钟分布的 H 树结构

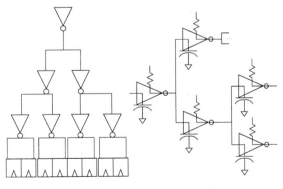

图 5-15　一个缓冲器的时钟树

如果树中的所有缓冲器都有相同尺寸的晶体管，由于每一层的缓冲器数目比上一层多了 b 倍，所以树仍然以指数型渐变方式创建整个缓冲器树，每一层的缓冲器数目为 b^i。在这个指数型渐变缓冲器中，假设每一层的尺寸比上一层大了 α 倍。在时钟树的例子中，$a = b$。最优驱动数目要求 $a = e$，然而在一个时钟树节点处放置的缓冲器数目不能为无理数，所以在这里采用近似的方式来处理最优情况，取 $b = 2$ 或者 $b = 3$。

当从时钟树的叶子节点向根节点移动时，缓冲器变得越来越大。假设每个寄存器的输入电容值与最小尺寸的晶体管相同，这样可以使时钟树的叶子驱动器增大 b 倍。每个相邻级的驱动器以相同的倍数增大。

当寄存器均匀分布在芯片上时，H 时钟树可以很好地工作。但是在大型较为复杂的芯片上，寄存器往往是非均匀分布的。在这种情况下，非平衡的时钟树可以通过将寄存器分簇聚集在一起，并形成近似相等的电容负载组而构建。然后这些簇可以组合在一起形成更大的簇以表征非平衡树的结构。网格——时钟布线的二维网格——也应用于芯片上。网格时钟分配可以提供良好的性能，但是比树状时钟分配更难分析。

即便是精心设计的时钟分配网络，要想在芯片的任意位置获取时钟仍然是一项非常具有挑战性的工作。正如在例 5.2 中所看到的那样，在芯片上分配一个全局时钟变得越来越不现实了。因此，大型芯片不会像单一的同步机那样设计。相反，会采用称为**全局异步本地同步（GALS）**的设计风格，芯片的各个部分会精心设计成同步操作，而各个同步单元之间的边界会精心设计为异步通信。如图 5-16 所示，芯片被划分为多个时钟域，每个时钟域内是同步的。当在不同步的时钟域之间传递数据时，可通过**同步器**来实现。同步器是专门用于异步通信的寄存器。在这些同步边界上，亚稳态是一个主要的问题。

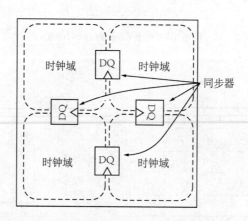

图 5-16 大型芯片上的时钟域

时钟信号在芯片外部产生，并通过引脚传递给芯片。时钟发生器通常依赖晶体振荡器来提供精确和稳定的时钟频率。晶体振荡器往往依赖于与机械应力和电荷相关的**压电效应**。压电晶体的等效电路如图 5-17 所示 [Pec97]。C_1 和 L_1 是与压电电荷相关的主要阻抗，R_1 表示损耗，而 C_2 表示与晶振连接的寄生电容。晶振的串联谐振频率为：

$$f_s = \frac{1}{2\pi\sqrt{L_1 C_1}} \qquad (5.20)$$

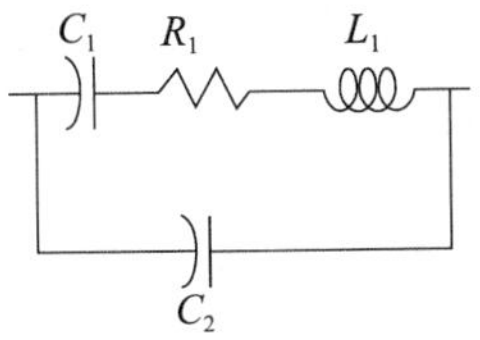

图 5-17　压电晶振的等效电路 [Pec97]

图 5-18 显示了名为**皮尔斯**（Pierce）振荡器的晶体振荡电路。晶振的电感和电容在反相器周围产生谐振反馈电路。

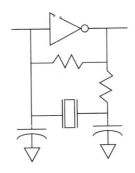

图 5-18　皮尔斯振荡器

将时钟信号送入到芯片上也会存在物理上的挑战，时钟信号必须以高速和低失真的方式进行传送。由于引脚存在电感和电容，所以这使得较高速度的时钟信号在传送时失真增大。片外时钟可以在较低频率（如 100MHz）下产生，并输入到芯片中。那么该芯片需要一个**锁相环（PLL）**，用于从外部时钟上产生所需的内部时钟频率。PLL 设计成一个跟踪输入信号相位的振荡器，PLL 允许片上时钟在更高的频率时模拟片外时钟的稳定性。

5.4　存储器

在计算机系统中，存储器是一个关键的组成部分，在第 1 章中提到在计算机发展的最初几十年，都在寻找可以提供有用内存的物理设备。检查其操作和性能对于理解计算机系统来说是至关重要的。

虽然存储器容量在持续增长，但是其基本速度并没有显著增加。表 5-2 显示了几代内存容量的变化趋势。表 5-3 比较了 DDR3 和 DDR4 两代内存的性能参数。最大数据速率从一代到下一代几乎翻倍，然而，CAS 延迟作为一个关键的时序参数并没有显著的改变，甚至在某些情况下还会增加。数据速率的改进来自于存储器芯片架构的改进，而不是来自于核心器件和电路的相关尺寸的改进。

表 5-2　存储器容量趋势 [JTR11]

	2011	2014	2017	2020	2023
容量（GB）	68.72	137.44	137.44	549.76	549.76
代	64G	128G	128G	512G	512G

表 5-3　DDR3 和 DDR4 的内存速率 [Mic11, Mic15]

	数据数率（M 传输次数 /s）	CAS 延迟（ns）
DDR3	1066-1866	13.1-13.91
DDR4	1866-3200	13.32-15

5.4.1　存储器结构

虽然寄存器是存储器的一种形式，但是存储器这一术语通常是指大容量的存储器。半导体存储器可以存储大量的值，但是一次只能访问存储于其中的一个（或几个）。简单存储器的接口如图 5-19 所示，它包括了单向地址线、双向数据线和读 / 写控制信号。

图 5-19　存储器接口

在内部，存储器可以由图 5-20 所示的二维阵列构成，存储器中每行与每列的位置包含着存储 1 位的电路。地址是用来选择行和列以确定存储器的位——可以将地址表示为 <n-1:r>= 行，地址 <r-1:0>= 列。**访问**这个术语既用来指读操作也用来指写操作。**随机存取存储器**是一种其存储位置可以被任意地址模式所访问的存储器。相反，现代磁盘驱动器和早期汞延迟线则不允许随机访问。

正如我们可以使用动态或静态电路设计寄存器一样，我们可以设计动态 RAM（DRAM）或静态 RAM（SRAM）。它们存储的基本原理与寄存器相同，但是适用于大容量的存储器。将在 5.5.2 节中单独讲述闪存。

图 5-21 显示了动态 RAM 单元的原理图，罗伯特·登纳德发明了这个电路，他也扩展了理想的缩放理论 [Den68]。与动态寄存器一样，位作为电荷存储在电容上。然而，我们熟知的单一晶体管或 1T DRAM 的现代 DRAM，是使用专门构建的电容而不是晶体

管栅极电容来存储数值的。设计专用的电容器可以利用更小的面积建立更大的电容，从而增加单芯片上的存储位数。为了写入 DRAM 单元，行电路激活**字线**来接通存取晶体管，与此同时，列电路将**位线**设定为要写入单元的值，这个值可以是高电平也可以是低电平。DRAM 与动态寄存器不同的是：由于不存在使用位值的放大器，所以写入 DRAM 需要更复杂且能够更直接处理模拟电压的电路。激活字线用以写入时，位线应置为高电压。然后列电路通过感应位线的电压来确定它的改变量。如果存储电容器充电到高电平时，位线将保持为高电平。如果存储电容器放电，则位线电压将下降，但其不会一直下降到地所处的电压。列电路必须放大位线上的电压，使得在 DRAM 输出端产生一个适当的逻辑值。此外，列电路必须将位线拉低到地电平，以确保存储电容器放电。位线电压下降是因为一些电荷移动到存储电容器上，消除了存储在那里的值。重写是为了确保在存储电容器上保持适当的值。

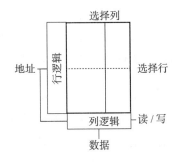

图 5-20　内存阵列的结构

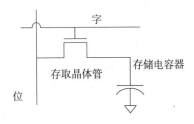

图 5-21　DRAM 单元电路图

我们比较了 DRAM 和 SRAM 的几个特性，如表 5-4 所示。DRAM 密度更高（单位面积上有更多的位数）且使用更少的能量；SRAM 速度更快。这些特性使得在计算机系统的不同部分分别使用 DRAM 和 SRAM，以实现不同的功能。

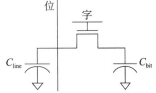

图 5-22　DRAM 感应模型

我们可以使用图 5-22 所示的电路来分析 DRAM 在缩放条件下的延迟行为。当存取晶体管关闭时，电路由两个电容组成：位单元的电容 C_{bit} 和位线的电容 C_{line}：

$$V_{\text{bit}} = \frac{Q_{\text{bit}}}{C_{\text{bit}}}, V_{\text{line}} = \frac{Q_{\text{line}}}{C_{\text{line}}} \qquad (5.21)$$

接通存取晶体管产生**电容电荷分压器**。两个电容器上的电压（V_{bit} 和 V_{line}）必须相等，因此它们的电荷会自动重新分配，电荷从线路电压 V_{line} 移动到公共电压 V_{b1}。电容器是并联的，并且每个电容器上的电荷量取决于其电容值的大小：

$$V_{\text{bl}} = \frac{Q_{\text{line}} + Q_{\text{bit}}}{C_{\text{line}} + C_{\text{bit}}} \qquad (5.22)$$

最坏的情况是当 C_{bit} 放电时，$Q_{\text{bit}} = 0$，所以：

$$\frac{V_{\text{bl}}}{V_{\text{line}}} = \frac{C_{\text{line}}}{C_{\text{line}} + C_{\text{bit}}} \qquad (5.23)$$

如果假设两个电容以相同的比例缩小，则最好的情况是 DRAM 不会随着电容的缩放而变化太快。但是倘若芯片尺寸也进行了缩放，那么位线将变得更长，这样将会导致 C_{line} 相对 C_{bit} 而增加，从而使得 DRAM 的存取时间增加。

存储在电容器上的电荷可能会泄漏，而 DRAM 单元并没有恢复电容值的电路。在室温下，位的寿命通常约为 1ms。我们可以通过读取单元来刷新值，列电路自然会确保在存储电容器上留下适当的位值。DRAM 里包含了可以周期性刷新存储器中每位的电路。在刷新操作完成之前，无法访问正在刷新的位。在刷新每位的时候，并不是要停止整个存储器的访问，刷新逻辑一次只刷新一行，并且在行刷新之间要进行等待。

如图 5-23 所示，SRAM 单元将其值存储在一对交叉耦合的反相器中，就像存储在静态寄存器中一样。然而，名为 **6T SRAM** 的标准 SRAM 单元具有两个存取晶体管和两根位线。两根位线的逻辑状态是相反的：图中左位线保持真值，右位保持假值。字线导通两个存取晶体管。要写入单元时，列逻辑将位的期望值放在位线上：真值放在 bit 线上，同时将其反码放在 bit' 线上。在读取单元时，列逻辑将内部电压置于两根位线上，并允许单元将位线驱动到相应的逻辑值。

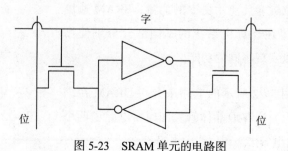

图 5-23　SRAM 单元的电路图

表 5-4 比较了 DRAM 和 SRAM 的特性。DRAM 在较低能量的条件下有着更好的性能，但是速度比 SRAM 慢。DRAM 和 SRAM 的速度都取决于位线的长度。缓存的大小和访问时间之间可以清晰地看到这种效果：较大的缓存需要更长的访问时间。

表 5-4 DRAM 和 SRAM 的特性对比

	DRAM	SRAM
密度	非常密集	密度较小
性能	更慢	更快
能量	更少能量	更多能量

5.4.2 存储器系统的性能

DRAM 在缩放时的行为与其逻辑是不一样的：DRAM 随着缩放会变得更加密集，但其速度不会变得更快。因为 DRAM 是由大量的基本单元组成的，所以 DRAM 的密度直接受益于更小的器件尺寸。（单元电容对于制造工艺而言是一项特殊的挑战，但是随着时间的推移，它的尺寸已经大大缩小了。）因此几十年来，单个芯片中 DRAM 的位数每一代都翻一倍。

然而，DRAM 的访问时间只增加了一点点，好几代 DRAM 的访问时间都在 80ns 范围内。登纳德（Dennard）缩放理论建立了逻辑门放大器的延迟模型，但是 DRAM 单元不包含放大器，因此不能直接应用理想的缩放理论这是有道理的。图 5-24 给出了内存墙随着时间变化的增长。存储器访问时间 T_{mem} 与时钟周期 T 的比值是逻辑和存储器间相对性能的品质因数。在 1980 年，VAX-11/780 的时钟频率是 10 MHz，存储器访问时间为 1.2μs，CPU 大约比主存储器快 12 倍。如今，时钟频率达到了千兆赫兹，DRAM 访问时间约为 80ns，主存储器的速度比处理器芯片的时钟速度慢了大约 80 倍。现代处理器也可以同时执行多个任务，从而增加了 CPU 对存储器带宽的需求。

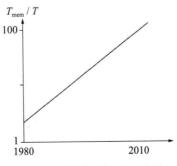

图 5-24 随时间增长的内存墙

解决内存墙的一个重要方案在存储器系统中是使用 SRAM 作为中间级来构建**高速缓**

存。如图 5-25 所示，缓存位于 CPU 和 DRAM 之间。当 CPU 访问内存时，它将请求发送到缓存。由于 SRAM 比 DRAM 快，因此高速缓存可以比 DRAM 更快地回应请求。但是由于 SRAM 的集成密度低，所以高速缓存不能保存存储器中的所有内容，而仅仅保存寻址处的内容。如果请求的内容不在高速缓存中，则高速缓存将请求传递到 DRAM，这称为**高速缓存未命中**。请求的内容在缓存中的情况称为**高速缓存命中**。满足特定访问所需要的时间主要取决于内容是否在内存中。如果足够多的请求都在高速缓存中，则 CPU 的平均访问时间要比仅用 DRAM 存储器的系统要快。DRAM+ 高速缓存的存储系统的平均访问时间是：

$$t_{av} = t_{hit}P_{hit} + t_{miss}(1-P_{hit}) \tag{5.24}$$

其中 t_{hit} 是命中的访问时间，t_{miss} 是未命中的访问时间，P_{hit} 是访问的内容在高速缓存中的概率。

缓存性能的一个重要组成部分来自于**预取**。高速缓存不是只获取所请求的字，而是在该位置周围获取一组 W 个字。如果稍后的访问刚好是这些位置，那么它们在高速缓存中，除非它们被中间访问所刷新。预取是一种预测访问模式的简单机制。

图 5-25　一个使用 SRAM 缓存和 DRAM 的存储器系统

命中率取决于程序的行为。我们可以识别执行行为的几种常见情况和预取对命中率的影响：

- 许多面向阵列的程序是按照顺序访问内容的。在理想情况下，$P_{hit} = (W-1)/W$，因为第一次访问获取了 W 个全部被使用的字。
- 许多面向数据结构的程序追踪指针，并且访问大范围变化的地址。在最坏的情况下，$P_{hit} = 0$。

以下是表征内存和处理器性能的两个重要参数：

- DRAM/ 高速缓存的比值 $M = t_{miss} / t_{hit}$ 捕获主存储器与高速缓存的相对速度。
- 高速缓存 / 时钟的比值 $C = t_{hit} / T$ 捕获了 CPU 与高速缓存速度的比值。

使用 DRAM / 高速缓存的比值，可以重写式（5.24）：

$$t_{av} = t_{hit}[p_{hit} + M(1-p_{hit})] \tag{5.25}$$

在命中率非常高的条件下，DRAM 的速度无关紧要。但是在命中率较低的条件下，

DRAM / 高速缓存的比值 M 成为影响性能的重要因素。M 的重要性有助于解释多级缓存的重要性。如果快速缓存与 DRAM 搭配，则由 M 捕获到的速度的巨大差异将会导致更大的平均访问时间。引入多级高速缓存可以建模作为一系列相邻高速缓存的 M 值。将更小更快的高速缓存与容量较大相对缓慢的缓存配对，这样做对有助于缓解缓存未命中。

高速缓存 / 时钟的比值是对 DRAM/ 高速缓存比值上限性能扩展的进一步惩罚。为了提高程序的性能，我们必须对所有 3 个参数都进行扩展：CPU 速度、高速缓存速度和主存储器速度。

SRAM 存取时间取决于字线的长度，因此较大的存储器较慢。许多现代高速缓存具有几级的高速缓存：一级高速缓存最接近 CPU，并且既小又快；二级缓存相比则更大更慢。还可使用附加级的缓存。

5.4.3　DRAM 系统

引脚分配是内存系统的一个主要瓶颈。CPU 性能受内存访问时间和带宽的限制。引脚阻抗是对存储器 – 处理器接口速度的一个重要限制。

DRAM 封装旨在通过最小化所需的引脚数量来最小化制造成本。传统意义上 DRAM 将地址划分为两个部分：行和列。这样的定义使得地址引脚可以被重用，这也意味着地址必须复用。并且这种潜在的限制也用于页模式的寻址方案中。

基本的 DRAM 电路是异步的，不使用时钟。早期的 DRAM 芯片是异步的，没有时钟引脚。现代同步 DRAM 使用时钟对存储器流水线进行访问以提高吞吐量。

构建宽的 DRAM，为单次访问提供多位数据，以利用程序中的多次访问通常是连续寻址的事实。由多个字组成的宽访问可以存储在高速缓存中，然后根据请求传送到处理器中。如图 5-26 所示，现代 DRAM 也在内部组织为多个**存储体**，而不是单一的大存储阵列。多存储体允许存储器的接口逻辑使用单独的地址来并行访问每一个存储体。DRAM 仍然只有一组引脚用于共享各个存储体之间的地址和数据。存储器控制逻辑能够在一个存储体上开始访问，然后在另一个存储体中准备单独的访问，并实现访问的重叠执行。

3D 封装使用专门的结构创建了垂直连接，以补充芯片上的水平连接。在现有芯片的顶层制造新的晶体衬底是很困难的，因此这些技术使用专门的通孔 [Loh07] 将几个芯片组合在一起。芯片可以以面对面或背对面的方式来组合，面对面的方法仅允许组合两个芯片，而背对面的方法可以组合许多芯片。

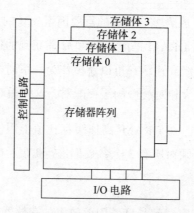

图 5-26　DRAM 组成存储体

背对面的堆叠依赖于**穿硅通孔（TSV）**来实现垂直连接。通孔穿过衬底并用金属填充，以在衬底的背面提供连接。TSV 必须足够大才能够实现与对面芯片焊盘的可靠连接。虽然这些通孔比芯片上的导线具有更大的寄生参数值，但它们的寄生阻抗远远小于引脚的寄生阻抗。

存储器是 3D 集成的主要候选对象，因为存储器延迟的临界特性和所需相对较少的引脚数量。HBM2 标准 [JED16] 描述了堆叠 DRAM 模块的设计。它为每个堆叠层提供多达 8 个通道，每个通道有 128 个引脚，并以 1 GB/s 的速度运行。

5.4.4　DRAM 的可靠性

在 DRAM 单元中用于存储电荷的电容器非常小，通常为 30 ～ 40fF，这导致只有少量电子用于存储逻辑值：

$$Q_s = C_s V_s = 30 \times 10^{-15} \mathrm{F} \times 1 \mathrm{V} = 30 \times 10^{-15} \mathrm{C} \tag{5.26}$$

$$n_c = \frac{Q_s}{q} = 187\,500 \text{ 个电子} \tag{5.27}$$

由于该值没有用放大器恢复，所以杂散电荷可以改变单元的值。α 粒子是 DRAM 出错的重要原因 [May79]。α 粒子是失去电子的离子化氦原子。当 α 粒子进入硅时它会减速，其减速的能量使得硅原子离子化，并留下可以污染器件的电子轨迹。将硅中的电子升高到导带需要的 3.6eV，当 α 粒子以 150keV/μm 的速率进入硅时会损失能量。因为粒子具有这么多的能量，所以单个粒子就可以释放几十万甚至几百万个电子。电子 – 空穴对在硅表面下的 2 ～ 3μm 处产生。然后这些电荷可以由芯片上的结构捕获，而且数量很大，足以改变许多器件中的位值。电子不必为了改变它的逻辑值对存储电容器完全充电。改变逻辑值所需的总电荷量为 Q_{crit}，所需的精确电荷量取决于单元设计的许多细节，但是电容器可以存储总电子数的一部分。

纠错码（ECC）用于检测或纠正错误。图 5-27 所示为 ECC 的简单示例。在这种情况下，单个位的数据由码字中的 2 位表示。4 个码字中的两个可以表示有效数据，而其他两个码字则表示错误。

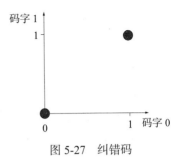

图 5-27　纠错码

5.5　大容量存储器

计算机系统利用**大容量存储器**来存储大量的数据。这种形式的存储器也称为**非易失性存储器**，因为它可以在没有电源的情况下保持它的值不变。这种存储器由**文件系统**组织为文件，**虚拟存储器**机制也可以使用这类存储。几种不同的物理机制可用于二次存储，使得它们在密度、速度和成本之间得以权衡。

5.5.1　磁盘驱动器

磁盘是于 20 世纪 50 年代中期由 IBM 发明的，并且在计算机系统中有着非常广泛的使用。第一个磁盘驱动器，IBM 350 磁盘文件，它有一个小洗碗机大，存储容量为 3.75 MB，并且它的平均访问时间低于 1s。

如图 5-28 所示，数据存储在**磁盘片**上称之为**轨道**的同心圆上。每个轨道分为包含数据、纠错码、同步和控制信息的**扇区**。单个磁盘有两个**盘面**可以用来存储数据，几个盘片放置在单个**主轴**上并堆叠在一起。所有盘片上相同位置处的轨道集合称为**柱面**。数据由**磁头**读取，磁头由一个轨道径向移动到另一个轨道。每个盘面都有自己的磁头，这样可以同时从几个盘面上高数据速率地并行读取数据。

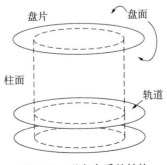

图 5-28　磁盘介质的结构

一次只可以访问一个扇区的数据。要想访问扇区，**磁盘控制器**首先需要将磁头移动到所请求的轨道，然后等待适当的扇区进入磁头位置，每个扇区都具有可以读取的地址。一旦扇区处于磁头的轨迹上，它就可以被读取或写入。磁头必须在非常接近磁盘的情况下操作，这样可以最小化所需的磁场和存储单个位所需的大小。比较典型的磁头是在磁盘表面上方 3nm 处。这些非常严格的公差意味着磁盘驱动器必须保持非常干净。**头部碰撞**是指磁头和盘片之间的碰撞，磁盘驱动器依靠**地面效应**来保持磁头靠近表面而不会发生碰撞。压缩飞行物表面的空气会增加下方空气的密度，鸟类正是利用地面效应而掠过湖面的。这种效应意味着磁盘驱动器不能在真空中操作。

访问时间的最坏情况是：

- 磁头必须在盘片的相对侧之间移动。
- 磁头必须等待几乎一周的旋转，才能访问到所需的扇区。

我们可以写出磁盘访问时间的公式：

$$T_{access} = T_{seek} + T_{rot} + T_{RW} \tag{5.28}$$

每个轨道的寻道时间 t_{seek} 是常数，因此对于距离为 n 个轨道的寻道时间是：

$$T_{seek} = nt_{seek} \tag{5.29}$$

旋转时间取决于每个磁道的扇区数 s、旋转速度 r 和要经过的扇区数 n_r：

$$T_{rot} = \frac{1}{rs}n_r \tag{5.30}$$

T_{RW} 是读或写扇区所需的时间。

例 5.5 **磁盘驱动器的特性**

日立超星（Hitachi Ultrastar）驱动器 [HGS12] 以 285GB/in² 的密度存储数据。其最大寻道时间为 8ms，它的转速为 7200 r/min，平均延迟为 2.99ms，最大传输速率为 300MB/s。

5.5.2 闪存

闪存是广泛应用于便携式设备和服务器中的固态存储器。闪存的主要部分是图 5-29 所示的**浮置栅极存储单元** [Kah67]。晶体管的栅极被隔离并且没有电气连接到任何其他的电路上。在浮置栅极的上方制造了控制栅极，控制栅极连接到与标准 MOSFET 一样的驱动信号上。

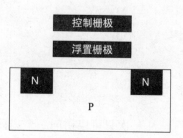

图 5-29　浮置栅极单元

图 5-30 所示为当电荷存储在浮置栅极时的带状结构图。浮置栅极电荷的作用是增加晶体管的阈值电压。晶体管在没有浮栅电荷条件下的阈值电压是 V_{t_0}，具有浮栅电荷 $\overline{Q}$ 时的阈值是 $V_t > V_{t_0}$，如果在没有浮置栅极电荷存在的条件下，将栅极电压 V_{t_0} 施加到控制栅极上，晶体管将导通。如果有编程电荷 $\overline{Q}$ 并施加与上述相同的电压，则晶体管不会导通。因此，存储在浮置栅极上的电荷在浮置栅极存储单元中表示为 0。存储在浮置栅极上的电荷非常稳定并且可以持续很长时间。

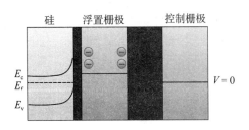

图 5-30　在浮置栅极上存储有电荷的浮栅存储单元的带状结构图 [Kah67]

浮栅存储单元按照 3 种模式中的一种来操作 [Pav99]：

- 为了读取存储单元，将高于 V_{t_0} 但低于 V_t 的正电压施加到控制栅极，同时将正电压 V_{ds} 作用于沟道的两端。如果有漏极电流流动，则浮动栅极上不存储电荷，并且单元存储值为 0。

- 通过在浮置栅极上存储电荷来对单元进行编程，在控制栅极上施加高的正电压，并且加载一个正电压 V_{ds} 于沟道两端。

两种不同的物理机制可用来对浮置栅极施加电荷。Fowler-Nordheim 隧道效应导致电子从漏极沿隧道到浮置栅极。或者可以使用热电子（高能电子）来穿透 Si–SiO$_2$ 的界面后到达浮置栅极。编程时间取决于编程电流，典型的编程时间是微秒量级。

- 为了擦除单元，将控制栅极设置为地，将源极设置为高电压，并且使漏极悬浮。Fowler-Nordheim 隧道效应将电荷从浮动栅极流动到源极。

现代闪存电路不允许独立擦除存储器中的单个单元。擦除电路要在**单元块**中的若干个单元内共享。要更改单元块中的 1 位，则必须擦除整个单元块，然后再重写块中的所有单元。

闪存单元的噪声容限由浮置栅极上表示 0 或 1 的电压范围来确定。噪声容限受未编程和已编程的阈值电压 V_{t_0} 和 V_t 的差值约束。增加 $V_t - V_{t_0}$ 的值可以提高噪声容限，但同时也增加了编程时间。

闪存架构已经扩展到打破大多数数字电路所遵循的二进制模式。如图 5-31 所示，可以将 $V_t-V_{t_0}$ 范围分为 4 个区域从而在一个单元中对 2 位进行编码，这种方法称为多电平单元（MLC）。三级单元（TLC）分成了 8 个独立的区域。为了合理且可靠地表示多位，$V_t-V_{t_0}$ 的值必须增加，访问和编程电路也变得更加复杂。

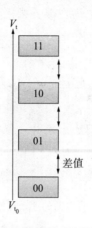

图 5-31　多级闪存单元中的电压等级

用于增加闪存存储密度的另一种技术是垂直结构。通过在晶片上沉积一系列的层结构可以构造晶体管的垂直叠层。垂直结构和多电平单元的组合使得闪存的存储密度变大了。

电荷的隧道穿透效应会引起物理损耗，最终导致单元的失效。早期闪存的寿命只有几千个周期，现代闪存可以承受数百万次的写入周期。然而，文件系统对目录区的写入要比对非目录位置的写入频繁得多，这样会导致文件系统的存储单元过早地耗损失效。闪存感知文件系统定期地移动目录是为了**均衡耗损**，这样设计的目的是为了避免对存储器的某一个部分产生过度读写。

固态盘（SSD）是具有磁盘控制器和接口的闪存设备，它能够像磁盘一样使用。大容量存储设备的两个重要性能特征是持续传输速率和延迟。我们可以观察到磁盘与 SSD 之间的两个总体趋势：

- SSD 在延迟和传输速率上要比磁盘快。
- 磁盘具有近似相等的读取和写入时间，而 SSD 的写入时间比读取时间要长。
- SSD 需要复杂的控制器来管理由写入引起的损耗，并要检测和补偿位故障。

例 5.6　**磁盘与固态盘的性能比较**

这是两个典型驱动器的性能指标，日立超星（HGST Ultrastar）A7K2000[HGS12] 和英特尔固态驱动器 520[Int12]。在磁盘驱动器的情况下，我们使用寻道时间作为延迟。

	持续传输速率（MB/s）	延迟（μs）
日立超星 A7K2000	134	8200
英特尔 SSD520	430（读）、80（写）	80（读）、85（写）

5.5.3 存储和性能

二级存储主要用于两个目的：文件系统和**需求分页**。在许多情况下，程序通过在主内存中工作可以避免文件系统性能的问题。然而，所有程序都受到需求分页特性的影响。

需求分页是**虚拟内存**系统的一个组成部分。程序的地址空间会被**分页**，该程序在具有逻辑地址的虚拟存储器映像上运行。在任何给定的时间内，页面不能驻留在物理内存中，程序页面的状态是由硬件和软件的组合来维护的。当程序访问的页面不在物理内存中时，这种情况称为**页面错误**，这时它会从二级存储器中提取。

我们可以使用类似于缓存的模型来建模分页性能。然而，在这种情况下，要从存储设备里重新取回存储片段。我们可以定义驱动器 /DRAM 的比值来描述主存储器和二级存储器的相对性能：

$$M_{\mathrm{d}} = \frac{t_{\mathrm{drive}}}{t_{\mathrm{DRAM}}} \qquad (5.31)$$

页面的平均访问时间取决于页面驻留在内存中的概率 P_{res}：

$$t_{\mathrm{page}} = t_{\mathrm{res}}[p_{\mathrm{res}} + M_{\mathrm{d}}(1-p_{\mathrm{res}})] \qquad (5.32)$$

可以从例 5.6 中看出固态驱动器大约比磁盘驱动器快 100 倍。我们可以得到 SSD 和磁盘的平均分页时间比值：

$$\frac{t_{\mathrm{page,\,SSD}}}{t_{\mathrm{page,\,mag}}} = \frac{p_{\mathrm{res}} + M_{\mathrm{ssd}}(1-p_{\mathrm{res}})}{p_{\mathrm{res}} + M_{\mathrm{mag}}(1-p_{\mathrm{res}})} \qquad (5.33)$$

在页面驻留概率较低的时候，该比值较为接近 $t_{\mathrm{SSD}} / t_{\mathrm{mag}}$。

5.6 系统功耗

功率和能量消耗是现代所有类型计算机系统的主要关注点。我们将关注在计算机系统中两种应用的功率和能量的消耗情况：一个是服务器，一个是移动系统。我们将以功率和热管理机制的考察来结束本节。

5.6.1 服务器系统

高端微处理器会消耗大量的功率。尽管每个门只消耗少量的能量，但大量的门会导致较大的动态功耗。静态电流和泄漏电流增加了大型工作站和服务器处理器的电流需求。

例如，英特尔至强处理器 E7-8800 [Int11] 标称最大电流为 $I_{CC\_MAX}=120A$。相比之下，西尔斯工匠弧焊机（Sears Craftsman Arc Welder）[Sea16] 的额定电流为 60A。请记住，至强处理器的工作电压是 1.3V，而弧焊机的工作电压是 120V，因此弧焊机可以获得更多的总功率。尽管如此，现代处理器的电流密度还是给人留下了深刻的印象。

设计高能效系统的另一种方法是扩展到冯·诺依曼机器和微处理器之外。**异构体系的结构**提供了不同类型的处理元件，它可以调整到特定算法或应用程序。许多**多处理器片上系统**都提供了几种不同类型的处理器，包括 RISC 处理器、数字信号处理器（DSP）和硬连线加速器。异构架构使用较少的逻辑来执行其预期功能，这样做可以减少静态和动态的能量消耗。许多器件还能以较短的时间执行这些功能，并且允许它们在较低的时钟频率和电源电压下运行。

处理器的大功率消耗会给数据中心的设计带来问题。单个服务器不仅需要 CPU，还需要 DRAM、大容量存储器和网络接口。大型数据中心可以容纳数以万计的服务器。一个典型的高端数据中心使用数十兆瓦的电力，比一个典型的办公楼高 100 倍。电力成本通常是数据中心总成本的 10%，该成本可以超过硬件成本。

例 5.7 服务器功耗

以下是服务器主要组件的典型功耗值：

组件	功率（W）
中央处理单元	100 ~ 200
存储器	25
磁盘	10 ~ 15
电路板	40 ~ 50
电力 / 风扇	30 ~ 40
总量	200 ~ 350

CPU 是最大的单功率汇集点，同时其他组件也消耗了大量的功率。

例 5.8 服务器功率密度

机房中的典型机架可容纳 50 台服务器。如果我们假设每台服务器的功耗为 50W，则单个机架消耗 2.5 kW，每月的功耗为 1800kW·h。相比之下，乔治亚州的住宅平均每月功耗为 1152kW·h，而科罗拉多州的住宅平均功耗为 687kW.h / 月 [EIA15]。

操作系统具有管理系统功耗的**电源管理**模块。电源管理模块可以执行简单的任务，如使用计时器将机器空闲时置于睡眠模式状态。它们还执行更加复杂的管理任务，如动态电压和频率缩放。

数据收集是服务器的 CPU、存储设备和网络的更大集合。大型数据中心拥有数千台服务器，其消耗的电能等于一个拥有 5 万人口城镇所消耗的电能。既要提供所需的巨大电力，又要处理大量的热量，这需要周密的工程。

例 5.9　数据中心的配电

作为数据中心功率分配的示例，考虑一个大约拥有 100 个服务器的小型数据中心 [Coe16]。

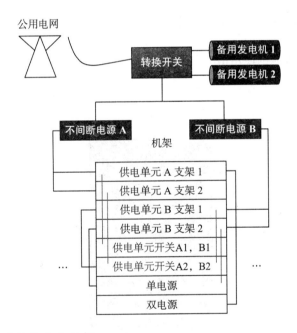

设计电力传输系统的几个目标：

- 没有单点故障
- 单相电源

电源有 3 个来源：本地公用电网和一对备用发电机。备用发电机是由天然气驱动的活塞式发动机，当公用电网停电时，该发电机会自动接通；转换开关管理着切换功能；但是，备用发电机不会立即上线。一对不间断电源（UPS）提供外部电源与服务器之间的接口。当外部电源出现故障时，UPS 利用内部电池提供电力，为计算机提供持续的电源，并给予备用发电机起动的时间。每个 UPS 的容量为 16kV·A。两个 UPS 为每个机架提供冗余电源。电力输送单元（PDU）从 UPS 上接收高电流的输入并供电给各种设备。当 PDU 开关检测到其中一个 UPS 输入发生故障时，将 PDU 切换到另一个电源上。关键设备具有从两个 PDU 输入的双电源供电，非关键设备只有一个电源供电。

5.6.2　便携系统与电池

便携系统的功率要比连接到电网上的服务器低很多。为便携系统供电的电池具有复杂的物理特性，在设计便携系统时，必须将这些特性考虑进去。

例 5.10　手机的电源要求

OMAP 4460 [TI] 用于手机的处理器中。该芯片包含了两个 32 位的 CPU、各种专用处理器、I/O 设备以及板载存储器。它在 1.5 V 的电源电压下工作，需要 2.3A 的电流。

一个分辨率为典型 TFT 显示器的功耗为 0.5W。

例 5.11　手机电源的使用情况

从移动电话截屏的图形中显示出其主要组件的相对功耗。虽然子系统消耗功率所占的比例可能会有变化，但在这张截图中，屏幕是目前最大的功率消耗者。

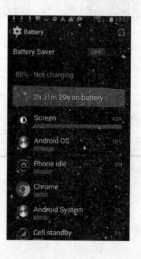

电池这个术语经常被滥用，电单元是电化学存储装置，并且电池是连接的单元组。图 5-32 所示为典型的单元结构图。电气端子是负电压的阳极和正电压的阴极。阳极和阴极之间的电解质存储能量并释放电荷而产生电

图 5-32　电化学单元的结构

流。我们可以根据需求将多个单元连接成一个电池：串联单元可以增加电池的电压，而并联电池可以增加可用的电流。

我们可以使用许多特性来评估电池：

- 额定电压和电流
- 总能量
- 能量密度
- 保质期
- 充电的次数
- 内阻
- 性能随温度的变化

表 5-5 比较了几种不同类型电池的特性。这些电池在电压、容量、可用周期和比能上的差异较大。

表 5-6 比较了各种材料的**比能**或单位重量的能量。不同类型的电池在比能方面差异很大。考虑到普通类型的电池（锂离子）的比能约为 TNT 能量密度的 15%，我们可以得出结论：电池的能量密度存在实际的界限，并且我们正在接近这个极限。电池的规格每年只增长几个百分点，远远慢于摩尔定律。电池物理特性的限制使得我们在设计使用电池供电的系统的时候，电池的类型受到了限制。

表 5-5 电池的化学特性 [Pow16]

化学性质	额定电压（V）	容量（A·h）	可用周期	W·h/kg
锂离子	3.6	0.75	600	135
镍镉	1.2	1	1000	46
碱性	1	1.6	100	80

表 5-6 材料的比能 [Wik16]

材料	比能（MJ/kg）
U-235	1.5×10^9
氢	123
汽油	46
TNT	4.6
锂电池	1.8
锂离子电池	0.72
碱性电池	0.67
铅酸蓄电池	0.17
静电电容	3.6×10^{-5}

如图 5-33 所示，电池的电压随着操作时间的变化而变化。电池的电压在较长时间内会相对稳定，但当电池快耗尽时，电压开始迅速下降。电池电压的变化率可以用来估计电池的剩余寿命。许多电池使用板载传感器和处理器，为系统提供关于电池的信息。

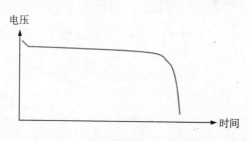

图 5-33　电池放电的典型特性

例 5.12　智能电池系统

智能电池系统（SBS）标准规定了电池的特性和接口，它可以向系统提供关于其状态和特性的信息。SBS 允许主机系统监测电池状态，包括电压、电流和温度。基于 I^2C 标准的系统管理总线为计算机 BIOS 提供标准的接口。智能电池数据协议定义了主机是如何与电池通信的，智能电池充电器管理充电过程。　　　　　　　　　　　　　　　　●

电池的寿命取决于其放电速率，称为**佩克特效应**。如图 5-34 所示，电解质分布在阳极和阴极之间。电流从阴极流出，从而导致提供电荷的**物质**耗尽。不仅是单元中物质的总量会耗尽，在阴极附近的物质也会更快耗尽，这产生了一个以物质梯度作为距离的函数。一旦阴极处的物质浓度到达零，电池就会停止工作。佩克特定律给出容量 C 和电流 I 的函数：

$$I^n = C \qquad\qquad (5.34)$$

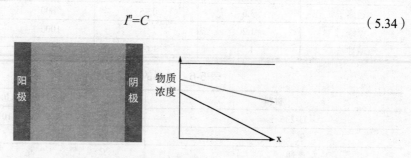

图 5-34　佩克特效应

在这种情况下，n 取决于电池的化学成分和温度。然而，如果电池搁置太久，物质会扩散回到耗尽区域，从而降低了梯度。因此，我们可以通过不定期地降低电池的电流来延长电池寿命。有些操作系统调度任务在休息时间里突发地间歇操作，即利用这种休息效果来延长电池的寿命。

5.6.3 功耗管理

现代计算机系统使用硬件和软件的结合来管理系统的电源行为。

动态电压和频率调节（DVFS）广泛用于匹配系统功耗与所需的性能。当动态功耗是主要功耗模式时，DVFS 是最有效的。由于功耗是随电压的二次方变化的，而门的延迟是线性变化的，所以可以在较低电压下运行来提高处理器的效率。但是，电源电压必须保持足够高才能为当前的工作负载提供足够的性能。操作系统的软件监测工作负载，以此确定适当的电压和时钟频率，并配置相应的硬件。

快速暗场（RTD）是为有高漏电流的逻辑而设计的。该算法可以快速地执行任务，使得处理器进入睡眠模式从而最小化泄漏电流。

我们可以通过一个简单的模型来比较 DVFS 和 RTD。假设计算任务需要执行 n 个周期。时钟周期为 T，电源电压为 V，每个周期的动态能耗为 CV^2。则所需的执行时间为：

$$X = nT \tag{5.35}$$

能源管理的目标是最小化能耗，同时确保执行时间小于截止期限 X_d。可以得到电源电压、门延迟和时钟周期之间的关系：

$$V = \frac{G}{T} \tag{5.36}$$

执行任务所需的能量是：

$$E_{DVFS} = nC\frac{G^2}{T^2} \tag{5.37}$$

E_{DVFS} 是在不违反截止时间 $T = X_d/n$ 下最慢执行速度的最小化值。

RTD 需要一个泄漏能量的模型。令每个时钟周期的漏电能量为 L，则任务的总能耗为：

$$E_{RTD} = n[CV^2 + L] \tag{5.38}$$

在这种情况下，我们可以通过在最高时钟频率下运行系统，以最小化能量，与之对应的最小时钟周期为 $T = T_{min}$。

5.7 热传递

热传递是研究热如何通过物理对象传输的，并已经成为计算机系统设计师的一个核心问题。散热是便携系统和数据中心系统都需要关注的。便携系统的散热能力有限，虽然许多笔记本电脑有风扇，可手机没有。此外，用户也对热量很敏感，因为他们会触摸到这些设备。冷却是数据中心的主要成本。计算机必须保持在其工作温度范围内，但是大量紧密堆积的计算机集体产生的高热量会产生严重的散热问题。

我们将从热传递的一些基本特性开始。5.7.2 节介绍了热传递的基本概念。5.7.3 节讨论了热和可靠性之间的物理关系。5.7.4 节展望了用于系统管理热行为的一些技术。

5.7.1　热传递的特性

热运动是 3 个物理机制的结合 [Hal88]。**辐射**是电磁现象，热量可以通过真空辐射；**传导**是分子运动的结果；而**对流**取决于流体（液体或气体）的膨胀运动。

例 5.13　服务器的操作温度

戴尔 PowerEdge R710 [Lov16] 在相对湿度为 20% ～ 80% 时工作温度的范围为 50 ～ 95 ℉（1 ℉ =5/9℃）。它具有 2.0% 的功率冷却比（服务器消耗的功率与冷却它所需的功率比值）。

计算机的工作温度从根本上来说受其**最大结温** $T_{J,max}$ 的限制，该温度是在晶体管的源极 / 漏极结处测量的。在高温下，掺杂剂充分迁移从而会破坏晶体管。假定硅不是理想的导热体，则封装外部必须保持在相当低的温度下以使芯片器件保持在工作范围内。硅的最大结温典型值为 $T_{J,max}$=85℃。最大结温度与衬底材料的带隙能量有关。碳化硅是具有更高带隙的典型材料，其可以用于构建高温电子器件。

通常假设进入芯片的所有电功率都作为热量释放出来了。与电力的度量相同，我们以瓦特为单位测量热流。最重要的热系统规范是**热设计功率（TDP）**，即其冷却系统必须能够消散来自芯片的最大热量。许多现代处理器在没有达到 TDP 限制的情况下，不能以最大时钟频率工作足够长的时间。当它们达到极限时，必须降低功耗，这需要减慢或停止芯片的运行。

支配对流和传导的两个基本物理性质是**比热容**和**热导率**。比热容测量材料的热量输入或输出与其温度之间的关系，可以 J/kg·K 为单位测量。热导率测量单位时间内温度差与热流量之间的关系，通常以 W/m·K 为单位测量。

例 5.14　材料的热等级

硅的导热性适中。其导热性也与陶瓷匹配得很好，这也是使陶瓷成为高性能 IC 封装的选择因素之一。

材料	比热容（J/kg·K）	热导率（W/m·K）	密度（kg/m³）
硅	710	149	2.3×10^{-3}
氮化铝（精细陶瓷）	740	150	3.26×10^{-3}
碳素钢	620	41	7.85×10^{-3}

　　我们可以将这些材料的性质与材料的特定形状和数量相关联：**热阻**和**热容**。这些热性质类似于它们对应的电气特性，并且可以使用相同的方程像解决电气行为那样来解决热行为。我们将使用 R 和 C 代表热电阻和热电容，在大多数情况下，我们不会混淆它指的是热性能还是电气性能。电压和电流的热等效是温度 T（以 K、℃ 或 ℉ 为单位）和热流 P（单位为 W）。充电等效于热量 Q，所以有 $P = dQ/dt$。

　　一块材料的热阻定义公式，类似于电阻率和电阻之间的关系（尽管传统意义上热性质是根据热导率而不是热阻率来定义的）：

$$R = \frac{l}{kA} \tag{5.39}$$

　　其中 k 是材料的热导率。我们可以使用热阻来计算通过物体的热流和物体之间的温差关系：

$$T = PR \tag{5.40}$$

　　其中 T 是物体两端的温差；P 是通过物体的热流；R 是其热阻。这种关系称为**傅立叶热传导定律**。

　　热容的定义不同于等效的电气特性，因此直接定义如下：

$$C = mC_m \tag{5.41}$$

　　其中 m 是物体的质量；C_m 是物体材料的比热容。热容量允许我们确定热流与温度之间的关系：

$$P = C\frac{dT}{dt} \tag{5.42}$$

　　该公式可以从**牛顿冷却定律**中导出，其表示物体的热损失率与物体和其周围环境之间的温差成比例：

$$\frac{dQ}{dt} = hA\Delta T \tag{5.43}$$

其中 Q 是物体的热能，h 是传热系数（单位为 $W/m^2 \cdot K$），A 是表面积，ΔT 是物体与其环境之间的温差。

牛顿冷却定律表明即使移除热源，物体也需要时间来冷却。对于给定的配置，我们可以将传热系数和面积组合成一个常数 t_0。该定律的解是一个指数函数：

$$\frac{dT}{dt} = -t_0 \left[T(t) - T_A \right] \tag{5.44}$$

$$T(t) = T_A + \left[T(0) - T_A \right] e^{-t/t0} \tag{5.45}$$

例 5.15　咖啡的传热

假设咖啡是设计任何计算机系统的基本元素。牛顿冷却定律表明，一杯咖啡的冷却速率可以通过降低奶油的初始温度来减慢。Martin Gardner 投身于《科学美国人》数学游戏专栏多年，在他的一个专栏中简要地提到，当奶油加入到咖啡中时，咖啡会冷却得更慢 [Gar08]。Jearl Walker，《业余科学家》专栏的作者，通过实验研究了这一现象 [Walk77]。他观察到一杯沸水在 33min 内平稳地冷却到 45℃。当添加速溶咖啡时，冷却曲线在第一个 15min 是相同的，然后咖啡冷却得比水快。他估计，由于从黑色到白色的颜色变化而导致的辐射影响可以忽略不计。然后向沸水中加入 20ml 温度为 10℃ 的淡奶油，加入淡奶油后，其温度下降了 4℃。5min 后，水／奶油混合物遵循纯水的冷却曲线。15min 后，奶油混合物冷却得更快。

5.7.2　热传递的模型

电子系统产生的热量必须消除，因为热量可能会直接损坏器件，降低芯片的寿命，增加泄漏电流，并具有许多其他效应。复杂的分析需要更详细的物理学知识和有限元分析。不过可以用一些非常简单的模型让我们了解电子系统热传递的基本原理。

电子系统的热传递特性由其所有部件来决定。芯片本身具有热阻和热容，芯片的封装也具有其自己的热阻 R 和热容 C。在高功率耗散情况下，直接暴露于空气中的封装不能很好地散热以保持芯片低于最大结温。我们可以使用**散热器**更有效地去除芯片及封装的热量。图 5-35 显示了一种散热器的结构。芯片位于其封装内，导热膏放置于封装与散热器之间。对流将热量从散热器上带走。散热器上的鳍片增加了其表面积和对流的效率。通常强制引导空气穿过散热器以增强对流。一些散热器使用水将热量从连接到芯片的引脚传导到散热器上。

水的比热容为 4.2J/g·K，而空气的比热容为 1.0J/g·K，因此，水可以很有效地传导热量。

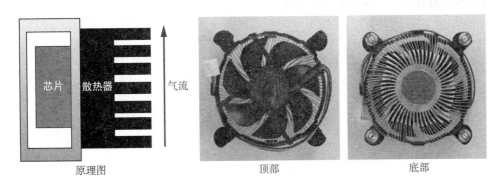

图 5-35　芯片及散热器

热传递分析的最简单形式是稳定状态：假设芯片在稳定的热流下工作并决定芯片的温度。对于简单模型，我们将使用单一热阻值 R 来代表封装 / 导热膏 / 散热器系统，如图 5-36 所示。芯片的结温度 T_J 和环境温度 T_A 有关：

$$T_J = T_A + PR \tag{5.46}$$

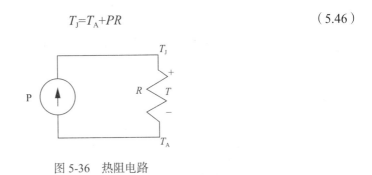

图 5-36　热阻电路

例 5.16　散热器的性能

通过比较具有和不具有散热器的 CPU 结温，我们可以看到散热器的必要性。如果计算机的功率为 $P = 20W$，环境温度为 20℃，可以根据不同的热阻计算这两种情况下的结温。对于无散热器的情况：

$$T_{none} = 20℃ + 20W \cdot 10\frac{℃}{W} = 220℃$$

有散热器的情况：

$$T_{sink} = 20℃ + 20W \cdot 1.5\frac{℃}{W} = 50℃$$

当使用散热器时，结温低于 85℃的极限值，但如果没有散热器，则结温远远超过极限值。

对芯片热行为的更复杂分析，应考虑温度随时间的变化，并使用瞬态分析技术。我们可以用热 RC 电路，来建模连接到散热器上芯片的热行为 [Ska04]，如图 5-37 所示。芯片对环境具有自己的热容 C 和热阻 R。

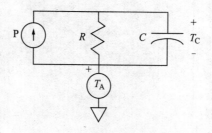

图 5-37　芯片的热 RC 模型

首先考虑来自热源的阶跃输入。测量相对于环境温度 T_A 的芯片温度 $T_C(t)$，芯片的绝对温度为 $T=T_C+T_A$，最初，$T(0)=T_0$。芯片温度将渐近地接近 HR 值。芯片的温度响应是：

$$T(t)=(T_0-PR)e^{-t/RC}+PR+T_A \tag{5.47}$$

与电路一样，热时间常数为 $\tau=RC$。而芯片级热行为的时间常数通常在毫秒到秒的数量级上。

这个结果说明了我们之前只考虑了关于热电阻的散热器实用性分析。在稳定状态时，芯片的温度为 PR。我们需要选择一个对热地面的热阻，使该稳态温度低于芯片的临界温度。热电容决定芯片温度的变化速度。

例 5.17　芯片温度的热 RC 模型

我们可以使用图 5-37 所示的热电路，根据这些值计算出 CPU 的热性能：

R	0.5K/W
C	0.03J/K
P	50W
T_0	0K
T_A	300K

芯片的温度是时间的函数：

$$T(t)=\left(0-25\right)e^{-t\left(0.5\frac{K}{W}\right)\left(0.03\frac{J}{K}\right)}+25+300=325-25e^{-\frac{t}{0.015}}$$

热时间常数为 0.015s。温度接近稳态值 325K：

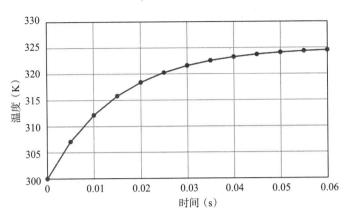

这个波形是 CPU 的热响应，CPU 以 50W 的恒定功率运行。

一个有趣的情况是方波输入：芯片周期性地打开和关闭。这种情况是典型的未完全加载的处理器，并且没有全速运行，如图 5-39 所示。芯片温度将在最小和最大温度 $\pm T_p$ 之间跳动。图 5-38 展示出了热方波的电路模拟结果。在这种情况下，$P = 50$、$R = 0.4$、$C = 0.03$，处理器的温度周期介于 $300 \sim 320$K 之间。

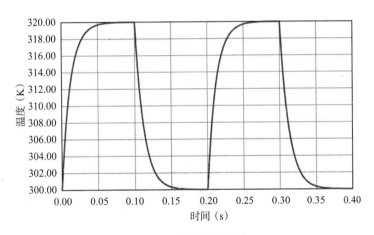

图 5-38　热方波的波形

我们可以使用电路分析的结果来找出稳定状态时的临界温度，此分析假定 CPU 运行时的占空比为 50%。如果假设热源在热源 P 处加热并在热源 $-P$ 处冷却，这种情况会稍微容易分析，这个输入值的变化不会影响结果。假设方波具有周期 S 和 50% 占空比（半个周期为导通状态），且 $S=2K\tau$。于是可以写出温度的上升和下降波形（相对于时间 t_0）为：

$$T^u\,(t+t_0)=(-T_p-P)\ \mathrm{e}^{-t/RC}+P \qquad (5.48)$$

$$T^d\,(t+t_0)=(T_p+P)\ \mathrm{e}^{-t/RC}-P \qquad (5.49)$$

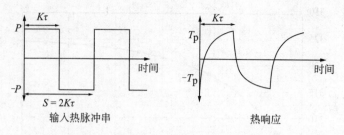

图 5-39　来自热方波输入的峰峰值波形

我们知道在 $t=K\tau$ 处的波形上限值是 T_p，在 $t=K\tau$ 处的波形下限值是 $-T_p$。代入式（5.48）和式（5.49）得：

$$T_p= (-T_p-P)\ e^{-K}+P \tag{5.50}$$

$$T_p= (T_p+P)\ e^{-K}-P \tag{5.51}$$

得到：

$$\frac{T_p}{P} = \frac{1-e^{-K}}{1+e^{-K}} \tag{5.52}$$

理想的散热器比电路中的理想接地更难构造。在构建电路时，可以使用低电阻导线轻松地将接地端子连接到接地端，而建立一个有效的有无限热能存储器的低热阻连接，需要对热连接和热存储器进行更多努力。

芯片的热性能不仅与封装和环境相关，而且与芯片的各个部分之间如何彼此影响也有很大的关系。芯片上的不同子系统基于其设计及执行期间的应用不同，其热性能也不同。举一个简单的例子，多核处理器在大部分时间有一个或多个核是空闲的，正在使用的核将产生热量，但该热量也将传播到空闲的相邻核上。

我们可以使用热 RC 元件网络对片上热传递进行建模。图 5-40 显示了一个用于双核处理器的简单模型。每个核都有自己的热电阻和热电容及热源。两个核通过它们边界处的热阻 R_{12} 连接。这种双核模型的一个简单但有趣的用例是以热源作为交替方波：一个核打开，而另一个关闭。在这种情况

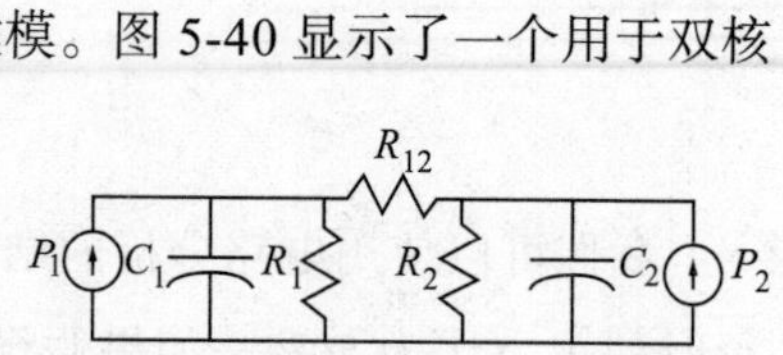

图 5-40　一对相邻核的热模型

下，一个核的热量不仅加热自己，而且还加热另一个核。结果是另外那个核不像其被热隔离那样快速冷却下来。图 5-41 显示了双核系统的仿真结果，其中两个核交替操作，其中 $P = 50$，$R_1 = R_2 = 0.4$，$C_1 = C_2 = 0.03$，$R_{12} = 6$。在第一个周期中，一些热量从第一个 CPU 传播到第二个 CPU。之后，两个核的热波形是互补的。最低温度略高于单核情况的最高温度，而最高温度则略低于单核情况的最高温度。当 CPU 空闲时，它吸收来自另一

个 CPU 的一些热量，提高其自身的温度并降低另一个 CPU 的温度。

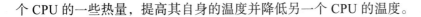

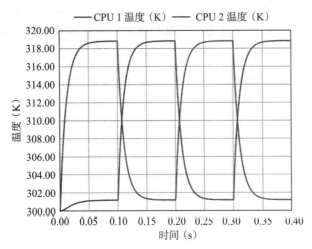

图 5-41　具有交替操作的双核系统的热波形

5.7.3　热与可靠性

热量是一个重要的可靠性问题，不仅是因为热是灾难性的故障，还因为热能会加速老化。芯片运行的温度越高，它们老化和退化的速度就越快。

我们可以通过**阿列纽斯（Arrhenius）方程**来理解热的可靠性和老化效应，该方程决定了许多物理过程 [Sie82；Pan09]。它将物理过程的**活化能** E_a 与该过程的速率 r 联系起来：

$$r = Ae^{-E_a/kT} \qquad\qquad (5.53)$$

活化能 E_a 是物理过程的基本性质，它与将电子推进到高轨道所需的能量相关。**阿列纽斯（Arrhenius）前因系数** A 通常由实验确定。

例 5.18　失效机制的活化能量

这里有一些失效机制和阿列纽斯（Arrhenius）方程的活化能 [Pan09]。

氧化膜缺陷	0.3 ～ 1.1eV
偶氮漂移（氧化膜中的 Na 离子）	0.7 ～ 1.8eV
慢陷阱	0.8 ～ 1.2eV
电子迁移断开	铝：0.5 ～ 0.7eV 铜：0.8 ～ 1.0eV
铝腐蚀	0.7 ～ 0.9eV

电子迁移是与温度相关的故障机理的一个例子 [Bla69；Pan09]。当导线加热时，一

些原子断开它们的分子键并变成自由原子。流经导线的电流可以与这些自由原子相互作用并使它们移动。$10^5 \sim 10^6 A / cm^2$ 范围内的电流密度足以移动导线中足够数量的原子。这种运动导致导线的一些部分增厚，而其他部分变薄。导线较薄的部分具有较高的电阻，这会导致它们发热更多，从而增加了电子迁移。这样的循环最终导致导线断裂。在电子迁移作为电流密度 J 的函数情况下，导线的平均故障时间可以使用布莱克（Black）方程 [Bla69] 来建模：

$$\text{MTTF} = AJ^{-n}e^{E_a/kT} \tag{5.54}$$

典型地，$1 \leqslant n \leqslant 3$。

高温会加速许多老化，即使其远低于导致灾难性故障的水平。但是，我们可以利用这种温度依赖性 [Ska08]。基于芯片寿命的温度依赖性，对芯片的寿命进行建模。寿命消耗率可以建模为：

$$R(t) = \frac{1}{kT(t)}e^{-E_a/kT(t)} \tag{5.55}$$

芯片寿命取决于温度曲线随时间的变化：

$$\varphi_{\text{th}} = \int_0^t \frac{1}{kT(t)}e^{-E_a/kT(t)} \tag{5.56}$$

由上式可知，我们可以通过几种方式延长寿命。如可以设计芯片以减少发热点，芯片中的任何处的故障都会导致系统故障。操作系统还可以将工作负载均衡给各个核，以均衡温度并保持所有核以相同的速率老化。

5.7.4　热管理

与电源管理一样，硬件和软件相结合可用于管理系统的热行为。由于热行为有长时间常数，所以热管理特别具有挑战性。

片上温度传感器依赖于通过 PN 结的电流与温度的关系。虽然对式（2.45）所示的肖克利二极管方程进行任意检查表明，二极管电流随着温度的增加而下降，由于温度依赖 D_p、p_{n0} 和 L_p，所以饱和电流 J_0 将随温度呈指数增长 [Sze81]。这种技术用作**带隙基准**，因为 J_s 对 $1/T$ 的斜率取决于能隙 E_g。可以使用二极管构建简单的温度传感器电路，更复杂的电路 [Lee97] 使用双极晶体管作为温度传感器。

现代处理器采取各种措施来保护 CPU 免于过热而致损坏，包括直接硬件控制和软件处理。例如，英特尔至强 e7-8800 [Int11] 提供了两种形式的直接硬件保护，当温度传感器检测到处理器已达到其热限制时，触发该硬件保护：

- 英特尔热监视器 1 根据处理器类型而选择占空比来关闭和打开时钟，通常为 30% ～ 50%。
- 英特尔热监控器 2 使用动态电压和频率缩放机制，来降低处理器的时钟速度和电源电压。

首先激活热监视器 2，然后如果需要的话，激活热监视器 1。这两种机制都需要由 BIOS 使能，以确保处理器在其指定的温度下工作。处理器还可实现按需模式，允许软件发出命令以在时钟上施加占空比，从而减少功耗。此外，处理器还提供平台环境控制接口（PECI），以允许系统查询处理器的热监测以及电力和电气错误。

5.8 小结

基于对计算机系统的分析，我们可以确定一些基于物理的计算机设计挑战：

- 内存墙——存储器不能保持与逻辑器件一致的性能——是基于内存机制的基本物理特性决定的。
- 电源墙的部分原因是由于逻辑的非理想缩放，部分原因是由于漏电流。
- 基于能量的考虑，时钟速率需要保持稳定。信号传播的速度也限制了创建同步系统的规模，异步接口必须考虑亚稳态。
- 全局互连会产生长的延迟时间。
- 由于现代系统的高功率密度，所以在消除计算机产生的废热方面产生了重大问题。
- 发热不仅会导致灾难性故障，还会导致可靠性问题。

问题

5-1 寄存器的时钟输入具有 50 fF 的电容。现以 1 GHz 的频率驱动 100 000 个寄存器，时钟通过 1 V 的电源电压，求驱动寄存器的时钟输入电容需要多少功耗？

5-2 一个具有 1024 个寄存器的芯片由缓冲二进制时钟树驱动，求：

a. 这个时钟树中有多少个反相器？

b. 如果时钟树中的一个反相器对于 $0 \rightarrow 1$ 或 $1 \rightarrow 0$ 转换消耗 50fJ 的能量，则若时钟以 1GHz 的频率运行，则时钟树消耗多少功率？

5-3 一个时钟网络驱动 16 384 个寄存器，寄存器的时钟输入连接到两个晶体管栅极，每个具有的参数为 $C_g = 0.9$ fF，求：

a. 如果每个驱动器驱动 4 个负载，则该时钟树有多少级？

b. 1V 电压的上升时间为 0.2 ns，时钟网络会消耗多少电流？

5-4 根据缓存中不同数量的存储字 n，分析 SRAM 缓存器中功耗 / 性能的平衡情况。缓存消耗的功率为 $P=n \times 0.2$mW。对于 $0 \leqslant n < 2048$，命中率为 $n \times 476 \times 10^{-6}$，对于 $n \geqslant 2048$，命中

率为 0.98。假设 t_{hit} = 1ns 和 t_{miss} = 100ns。请绘制当 128 ≤ n ≤ 4096 时，单位功率的缓存访问时间 t_{av}/P。

5-5　绘制存储器系统中的 t_{av} 与 M 的关系曲线。假设 t_{hit}=5ns，p_{hit}=0.98，10 ≤ M ≤ 500。

5-6　一个 DRAM 位线的总电容为 30fF，当 V_{bl} / V_{line} = 0.5 时，位单元电容的值为多少？

5-7　DRAM 位线的尺寸为 40nm × 5000nm，单位电容为 C = 500fF/μm^2，DRAM 单元具有 40fF 的电容。如果位线充电到 1 V 并且单元被放电（0 V），则在读取期间，位线电压变化的百分比是多少？

5-8　如果存储器延迟在代与代之间保持恒定，而存储器密度每一代都增长一倍，那么每个存储器的存储体数目一代一代如何变化？

5-9　如果可以为使用两代技术的计算机系统提供性能参数：

　　a. 第 n 代：时钟频率为 1GHz，每个时钟周期处理一条指令，50% 的指令访问存储器，缓存访问时间为 1 ns，主存储器访问时间 80 ns，命中率 0.95。

　　b. 第 n+1 代：时钟频率为 1.75GHz，每个时钟周期处理一条指令，50% 的指令访问存储器，高速缓存访问时间 1ns，主存储器访问时间 80ns，命中率 0.95。

　　则从第 n 代到第 n+1 代，需要的主内存带宽如何变化？

5-10　登纳德（Dennard）缩放是否预测电源墙？登纳德如何预测散热随着技术更新换代的变化？

5-11　绘制虚拟内存页访问时间 t_{page} 与 M_d 的关系，假设 t_{pres} = 80ns，p_{pres} = 0.9，10 ≤ M ≤ 100。

5-12　磁盘系统的每道寻道时间为 0.1ms，转速为 7200 r/min。该磁盘具有 10 000 个磁道，每个磁道具有 256 个扇区，那么最坏情况下的访问时间是多少？旋转一周的时间是 0.0083s。

5-13　假设数据中心有 10 000 台服务器。每台在 120V 的电压下消耗 100W 的功率。铜电源线的单位长度电阻为 1.7×10^{-4} Ω·m。要求铜电源导线上电压降不超过 1 V，那么该导线的最大长度是多少？

5-14　假设芯片在 1.2 V 时 50 A 的浪涌电流会超过 1 ns，引脚电感为 3 nH。那么为满足浪涌电压降限制为电源电压的 5%，需要多少个电源引脚？

5-15　室温下铜的电阻率为 17×10^{-9} Ω·m，那么对于 10m 长的铜线要求电阻为 2×10^{-2} Ω 时，问铜线的直径是多少？

5-16　50 W CPU 可以在 85℃的最大结温下工作，在以下环境温度下可安全操作芯片需要的总热阻分别是多少？

　　a. 25℃　　　　b. 40℃　　　　c. 30℃

5-17　当温度从 300K 增加到 325K 时，阿列纽斯（Arrhenius）方程的速率因子是多少？假设 E_a = 1.6×10^{-19} J。

5-18　如果阿列纽斯（Arrhenius）反应发生在 300K 时，且 E_a = 1.2×10^{-19}J，那么原始速率放大 10 倍时，发生该反应的温度是多少？

5-19　一个功耗为 75W 的 CPU，机房环境温度为 20℃。

　　a. 当没有散热器且封装热阻为 5℃/W 时，CPU 的工作温度是多少？

　　b. 当芯片要在 35℃下工作时，需要的热阻是多少？

5-20　CPU 消耗 100 W 的功率，最大结温为 85℃，总的散热器热阻为 0.5℃/W。当环境温度范围为 20 ～ 32℃时绘制最大允许热阻的曲线。

5-21　某个芯片具有 0.6K/J·s 的热阻和 1.6J/K 的热容。现给它一个热脉冲，使它的温度上升至比环境温度高 15℃。问芯片冷却到环境温度的 10% 以内需要多长时间？

5-22　假设佩克特定律为 $t = H(C/IH)^n$，其中 t 是实际放电时间，H 是额定放电时间，I 是放电电流，C 是额定电容。假设 H=2h，I=2.5A，C=4A h，n=1.3。求解实际放电时间，并将输送的 Ah 的实际值与额定值进行比较。

输入和输出

6.1　引言

　　输入和输出设备是所有计算机系统的重要组成部分。给计算机提供合理 I/O 设备的能力是推动半导体需求增长的重要因素。多媒体是二十多年来半导体需求增长的主要因素，首先是数字音频，然后是高清电视，最后是移动多媒体。多媒体的高计算需求借助先进的服务器系统来制作和传送内容，借助高性能的客户端来操作和显示内容，以及大量的存储器。现如今，物联网的发展需要一套用于智能节点的新 I/O 元器件，而智能节点要集成到物理系统中。

　　许多类型的输入和输出设备的物理基础是建立在产生晶体管物理学基础上的。**静电学**是许多最重要 I/O 设备面临的另外一个主要课题。相对于高速数字逻辑所需要的时间常数，静电学中的输入和输出所需的时间常数更大。这使得静电的慢效应得以应用。第三个主要课题就是微机械或**微型机电系统**（MEMS）。制造技术可以用于制造机械结构。当与静电或压电效应等机制相结合时，就可以构建机器，搭建机械与电子之间的桥梁。

　　6.2 节讨论显示器的基本原理，紧接着 6.3 节介绍图像传感器，6.4 节介绍触摸和手势输入，6.5 节讨论传声器，最后 6.6 节介绍加速度计和惯性传感器的原理。

6.2　显示器

　　LED 不能用作高分辨率显示器，但它们的原理相对容易理解，它们也与用在图像传感器中的光敏二极管密切相关。物理特性的高度相似使得可以使用相同的材料来计算和控制光。

　　这种 LED 于 1962 年由 Nick Holonyak [GEL15] 发明，它是一种半导体二极管，其设计已经针对光子的发射进行了优化 [Sze81]。当电子与空穴再结合时，其释放的能量等于材料的带隙，其中一些带隙值和电子能量是以光子的形式释放的。衡量光电发射器效率的一个重要测量指标是其**量子效率** η_q，它测量的是产生光子的重结合事件与所有重结合事件总数的比值。量子效率随温度下降而降低。光子的波长（即颜色）取决于重结合事件的能量。人眼敏感的波长范围为 $\lambda=0.4 \sim 0.75\mu m$。$h\nu=1.8 \sim 10eV$ 范围内的能量可以产生可见光。

因为发射光的波长取决于带隙，所以必须选择具有适当带隙的材料以产生所需波长的光。GaA$s_{1-x}P_x$ 广泛应用于红色和绿色 LED 中。这种类型的材料称为 **III-V 材料**，因为其结合了元素周期表中 III 价和 V 价的元素，以产生具有与传统 IV 价半导体材料类似性质的材料，但是其带隙又不同于硅或锗等材料的带隙。构建能够发射蓝光的 LED 需要引入 InGaN 和 GaN 等新材料。蓝色 LED 的发明者 Isamu Akasaki、Hiroshi Amano 和 Shuji Nakamurad 于 2014 年获得了诺贝尔物理学奖 [Nob14]。

二极管的 PN 结提供了促进重结合的结构。正向偏置的 PN 结会有少数载流子注入结中。这些少数载流子具有重结合所需的能量，从而导致光子辐射。

可以使用 LED 阵列来构建显示器，只需增加几个其他元件即可。每个 LED 必须驱动到适合其表示的像素亮度。为了单独控制像素的亮度，必须能够寻址 LED 及其驱动器。一些非常大的户外显示屏是通过手动组装和连线 LED 阵列来构建的，使用 LED 可为室外活动提供高亮度和大范围的显示屏，但是这样的显示器建造起来很昂贵，大规模生产需要不同的技术。

由 George Heilmeier [Hei68] 发明的**液晶显示器**（LCD）使用液晶作为光阀。向列液晶处于液态，但表现出晶体的一些性质；"向列"是指在某些条件下晶体排列类似于线状，如图 6-1 所示。可以使用电场来控制液晶状态。液晶材料以电容器状结构放置在两个电极板之间。如图 6-2 所示，跨电极板施加的电场使晶体定向。Heilmeier 最初始设计的 LCD 以反射模式工作，光源置于显示器的前面，并且液晶背面有一个黑色的反射面。在没有施加电场的情况下，液晶是透明的，并且对背景呈现出黑色。当电场施加像素点上时，晶体反射光并显示为白色。

各向同性   向列

图 6-1　液晶的状态

图 6-2　液晶方向与电场一致

现代 LCD 以透射模式工作。如图 6-3 所示，光源加在显示器的背面。在外加电场的作用下，液晶会发生扭曲（扭曲向列液晶）而用于偏振光。这种可变偏振与固定偏振器相结合，用于控制通过结构到达观察者的光量。

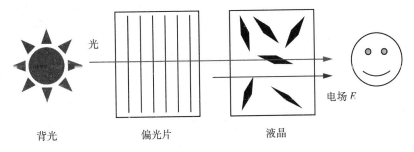

背光　　　　　　偏光片　　　　　　　液晶

图 6-3　LCD 的结构

我们仍然需要能够寻址单个像素并且控制其亮度。早期 LCD 使用的是图 6-4 所示的**无源矩阵**结构。每个像素的端子分别连接到行线和列线。通过激活适当的行线来选择行，设置列线电压以控制该行中每个像素的状态。液晶具有相对较长的恢复时间，这允许我们扫描行以呈现图像。现代 LCD 使用**有源矩阵**结构，如图 6-4 所示。这种类型的显示器是通过**薄膜晶体管**实现的，薄膜晶体管由非导电衬底上的薄膜材料制成。硅衬底是不透明的，但薄膜晶体管可以构建在玻璃上。有源矩阵的结构与存储器非常相似，其中薄膜晶体管提供存取晶体管并且液晶单元相当于电容器。它与无源矩阵的结构一样，通过扫描行来构建图像。

液晶显示器对阴极射线管提供了若干改进：它们的体积小很多并且轻很多，需要更低的电压和更少的能量，并且可以使用光刻技术来制造。但是，液晶光阀与 LED 相比具有更低的对比度。光阀的关闭状态会泄漏一些光，导致黑色不太强烈。虽然自从 LCD 发明以来它已经有了很大的改进，但是光阀的方法具有一些基本限制。

有机 LED 提供了有源光源的结构，它可以使用标准微电子方法制造。导电聚合物是一类重要的有机半导体 [Roy00]。虽然传统聚合物是绝缘体，但是一些聚合物可以被掺杂进来以产生通过电子和空穴传导的带隙。例如，聚乙炔的主链提供了高导电性和电子 / 空穴传导所需的原子结构。导电聚合物的分子结构比硅的晶体结构更不规则，但这并不妨碍其表现出与传统半导体所呈现出的相同的有用特性。Alan Heeger、Alan

MacDiarmid 和 Hideki Shirakawa 发现了导电聚合物 [Nob00]，因此获得了 2000 年的诺贝尔化学奖。

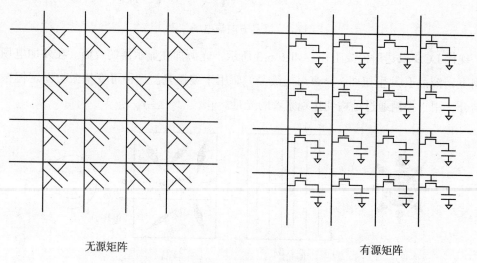

无源矩阵   有源矩阵

图 6-4   无源和有源矩阵液晶显示器

有机 LED 的结构非常类似于具有 P 型和 N 型材料结的传统 LED。它们比传统半导体的制造成本低得多：结晶半导体的制造非常昂贵，导电聚合物可以通过喷墨方法将图案印到各种各样的物体表面上。导电聚合物也可以粘贴在柔性材料上，例如，《未来报告》中的动画谷物盒可以使用有机 LED 来制造。有机 LED 可以产生鲜艳的色彩和良好的对比度。因为它们是光发射器，而不是光阀，所以它们可以提供深黑色和强烈的白色。

然而，有机 LED 会比传统 LED 更快损坏。当使用有机 LED 时，其阈值电压会改变。补偿电路用于调整对 OLED 的驱动并保持适当的亮度水平。图 6-5 显示了一个采样补偿电路 [Ono07]。补偿意味着它的显示周期比 LCD 的显示周期更复杂，该电路需要四相扫描序列。第一步重置像素的状态。在第二步中，存取晶体管导通，并且使用数据线上的低电压来测量 OLED 的阈值电压。OLED 必须在中断显示的情况下接通，因此电路旨在将 OLED 的电压保持在其阈值以下。在第三阶段中，存取晶体管导通并将 OLED 的电压设置为期望的亮度。在第四阶段中，驱动晶体管导通，并提供足够的电流以使 OLED 以期望的电平发射。设计该电路使得 OLED 电压在发射期间与 V_T 无关。

数字光处理器（DLP）是真正数字输出器件的罕见示例，由 DLP 传送到感知亮度水平的集成离散光脉冲，这是由视觉系统执行的，而不是由设备本身执行的。

图 6-6 所示为 DLP 像素的操作。将反射膜置于微机械转轴上，静电可以将反射膜移动到两个位置中的一个：一个用来从透镜光源反射光线；另一个是光线被反射到投影室

内的吸收位置。反射膜的位置通过控制像素的亮度而摆动。例如，对于具有128个亮度级的显示器，没有脉冲时，像素为黑色，而有127个脉冲时，像素为最大亮度。彩色显示器可以由3个DLP阵列构成，每个阵列都有自己的红色/蓝色/绿色滤光器。但是大多数DLP显示器使用的都是具有色盘的单个DLP阵列，色盘能连续地应用红色、绿色和蓝色过滤阵列产生的区域。DLP显示器需要一个透镜来聚焦其输出，这对其使用方式设置了一些限制。

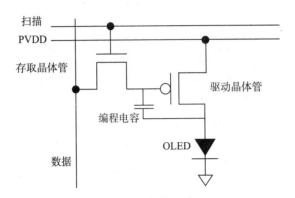

图 6-5　OLED 的补偿电路 [Ono07]

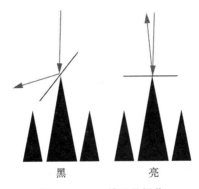

图 6-6　DLP 单元的操作

DLP提供了非常高的对比度，因为它是基于反射器的，所以它可以具有非常高的效率。使用反射器还允许其通过使用强光源来产生非常明亮的显示。DLP像素本身不发光的事实意味着强显示所需的高能级不必传递到像素上，这也减小了像素上的热负荷。

电子墨水显示器也依赖于静电。每个像素由一个球来表示，它的半个球为白色和另半个球为黑色。静电可将球旋转到所需位置。这些显示屏是反射性的，并可提供非常强的对比度。但是它们不能直接提供灰度像素。可以使用半色调技术，其中点的集合可以产生灰度级的印象，但是这会降低分辨率。

喷墨打印机依赖于薄膜晶体管和微机械加工喷嘴来产生精确的墨滴 [Nie85]。过热的

油墨会产生小气泡 [All85]。所有的过热气泡具有相同的尺寸，这样可以精确地控制输送的油墨量。过热还会使气泡快速移动，并且它们的轨迹可以由喷嘴控制。图 6-7 给出了喷墨喷嘴的示意图。薄膜技术为每个喷嘴产生电阻，微机械加工方法用来制造喷嘴。墨盒骑在托架上以精确的速率在纸上移动，控制电路使喷嘴在适当的时间加热。

图 6-7　喷墨喷嘴

6.3　图像传感器

所有图像传感器通常都使用基本相同的光电探测机制，但可以构建不同类型的图像传感器，它使用不同的技术从光电探测器位置上读取像素值。

光电探测使用反向 LED 的机理：吸收光子推动电子到导带 [Sze81]，材料对光的响应由其截止波长决定：

$$\lambda_c = \frac{hc}{E_g} = \frac{1.24}{E_g} \tag{6.1}$$

其中 h 是普朗克常数。E_g 的单位为 eV。波长短于截止波长的光子被吸收并产生电子-空穴对。光电探测器的重要度量是量子效率 η，其表征每个光子测量的载流子数量。

与 LED 一样，使用结来促进光子的捕获和导带电子的产生。一个光子结的量子效率是所产生的电子-空穴对与入射光子的比值。p-i-n 结（P 型，然后是本征，再是 N 型）常常用于光电探测。光被反偏结吸收，并产生电子-空穴对从而形成电流。

光电探测器有两种常见的形式：**光敏二极管**是用于优化光电探测器的二极管；光敏晶体管使用晶体管的一个 PN 结作为光电探测器，然后通过晶体管效应放大产生的电流。与 LED 一样，材料的组成及其产生的带隙决定了光探测器敏感的频率。然而，光电探测器通常用作捕获所有频率光的全色探测器。它们对一些频率较不敏感的事实以其他方式进行了考虑。

如图 6-8 所示，除了光电探测器之外，图像传感器中的像素还包含了其他几个元器件。像素电路提供对像素值的访问，因此，并不是所有图像传感器的表面都可以用来检测光子。**填充因子**是光电探测器的面积与总像素面积的比值。一种补偿像素有限填充因子的方法是通过使用透镜将尽可能多的光集中到光电探测器上，这样的微透镜必须用具有良好光学质量的材料来制造，并且它们的光学性能必须与阵列均匀匹配。

图 6-8   像素的横截面

虽然不同的光敏二极管材料可以用于检测不同波长的光，但是在给定像素所需小尺寸的情况下，在同一芯片上同时构造不同材料的红色、绿色和蓝色光敏二极管的阵列是不切实际的。相反，颜色滤光器放置在每个像素上，如图 6-8 所示。与其他微电子材料相比，滤光器材料本身相对简单，但是传感器阵列中每个像素必须具有自己的颜色。滤光器最常见的模式为拜耳模式 [Bay75]，如图 6-9 所示。它是具有两个绿色、一个蓝色和一个红色像素的 2×2 图案，之所以选择两种绿色是因为人类视觉系统对绿色最敏感，这一对绿色像素可以作为亮度信号的简单形式。

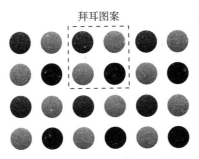

图 6-9   滤光器阵列和拜耳模式

电荷耦合器件（CCD）是第一个成功的半导体图像传感器。Willard Boyle 和 George Smith 因发明 CCD 而获得 2009 年的诺贝尔物理学奖 [Nob09]。（因为 Charles Kao 在光纤通信方面的工作，他们与 Charles Kao 共同获得了这样一个奖项。）

CCD 基于 MOS 电容器 [Seq75]。MOS 晶体管的电容取决于施加的电压以及平行板电容。施加电压 V_G 的界面电位为：

$$\varphi_s = V'_G + V_0 - \sqrt{2V'_G V_0 + V_0^2} \tag{6.2}$$

$$V'_G = (V_G - V_{FB}) + \frac{Q_s}{C_{ox}} \tag{6.3}$$

$$V_0 = \frac{qN_A \varepsilon 0 \varepsilon_{si}}{C_{0x}^2} \tag{6.4}$$

在这些公式中，V_{FB} 是 MOS 电容器的平带电压，总电容作为施加电压的函数如下所示：

$$C_{GB} = C_{0x} \frac{1}{1 + \sqrt{2\varphi_x / V_0}} \tag{6.5}$$

可以通过施加电压来改变 MOS 电容器结构中的电容值。

可以使用一系统 MOS 电容器来构建 CCD 阵列。电荷从一个电容移动到下一个电容上，形成一个模拟移位寄存器，通常称之为**桶形行**。这种 CCD 操作的可视化的标准方法是通过位于阱底的电荷显示每个电容器的势阱。虽然电荷实际上是在 MOS 电容器的表面，但势阱图像有助于人们可视化桶形行的行为。MOS 电容器可以以几种不同的方式排列成桶形行，图 6-10 给出了三相 CCD 的操作。通过向每个 MOS 电容器施加电压，电荷连续地从一个器件转移到下一个器件。如果该器件的势阱较低，则电荷将从一个器件流到相邻器件上。一个单元由 3 个器件组成。时钟的 3 个相位被施加到器件上，通过操纵它们的势阱将电荷从一个器件移动到下一个器件。在第三个相位结束时，每个采样移动一个单元。

CCD 在转移电荷方面是非常有效的，这意味着它们在图像中引入了非常少的噪声。CCD 仍然一直在使用，特别是对于需要天文学等低光量操作中的应用，但 CCD 需要专门的制造工艺。

CMOS 成像器，也称为**有源像素传感器（APS）**[Fos95; Men97]，之所以广泛应用是因为它能提供良好的图像质量，同时与标准 CMOS 制造工艺兼容。通常要对 CMOS 成像器的制造稍微调整，以便能为光电传感器提供更好的特性，但基本的制造过程与 CMOS 是一致的。

一种形式的 APS 单元的原理图如图 6-11 所示 [ElG05]。**光栅**用作光电传感器，这种形式使用了一种名为钉型光敏二极管的结构，因为在顶部加上了一层掺杂以控制表面的钉型状态。传输门控制光栅上电荷的访问。一对晶体管用于放大位线上的像素值：当行选择线为高电平时，底部晶体管导通，允许顶部晶体管放大光栅输出并送到位线上。由光栅产生的电荷会累积在输出晶体管的栅极上，像素值是由图像曝光期间光敏二极管的照度积分来决定的。当复位线为高电平时，复位晶体管通过传输门反向偏置光栅，并复位光栅值。

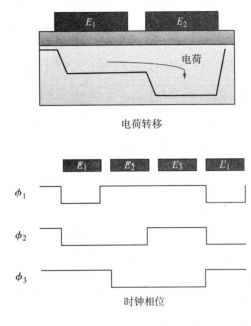

图 6-10　三相 CCD 的操作

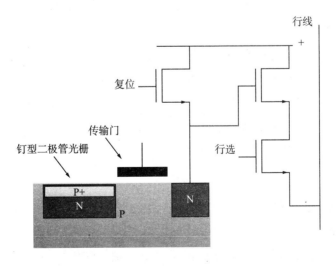

图 6-11　有源像素传感器（APS）单元原理图

CMOS 成像器阵列的结构如图 6-12 所示，它的结构与存储器的结构类似，但是读出的值是连续的，而不是离散的。给定选择的字线，位线可读取每列的像素。模拟移位寄存器保持像素值，并将其移位到模－数转换器上。

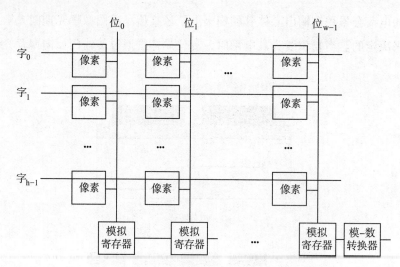

图 6-12　CMOS 图像传感器的结构

6.4　触摸传感器

手势控制早于计算机很多年。第一个电子乐器——特雷门电子琴（Themin）是完全由手势来控制的，音乐家从来不触摸乐器。特雷门电子琴感应金属杆与音乐家手之间的电容变化。两个金属杆为音乐家提供两种输入方式：音调和音量。电容的变化用于控制仪器的振荡器和放大器。特雷门电子琴如今仍然在使用，例如，《星际旅行》的主题曲。由特雷门发明的电容感测技术广泛应用于音乐以外的领域。特雷门自己为恶魔岛监狱建了一个门报警器。许多用户接口使用电容触摸 [Cyp15]。

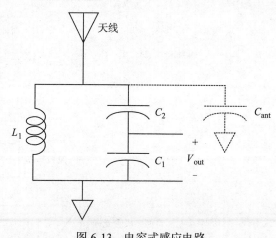

图 6-13　电容式感应电路

为了理解电容触摸的物理现象以及如何利用它，考虑图 6-13 所示的电路。电感器和电容器形成谐振频率为$1/2\pi\sqrt{LC}$的谐振电路。电容分成两个电容器，以使其与一个维持谐振的放大器相连。电容器 C_2 与天线的电容并联，把音乐家手上的电容和环境中任何其他杂散电容都集总为电容 C_a。天线电容取决于音乐家手的位置。电路的谐振频率为：

$$f_0 = \frac{\sqrt{\dfrac{1}{C_1} + \dfrac{1}{C_2} + \dfrac{1}{C_{ant}}}}{2\pi\sqrt{L}} \qquad (6.6)$$

音乐家的手形成天线的地平面，以修改天线的属性。Skeldon 等人 [Ske98] 通过音乐家的手提供了电容的近似变化 ΔC_a 为：

$$\Delta C_a \approx \frac{\pi \varepsilon_0 h}{10 \log\left(\dfrac{4x}{d}\right)} \tag{6.7}$$

其中 h 和 d 分别是天线的长度和直径，x 是天线到手的距离。

早期用于计算机上的触摸屏是基于电阻的，它们是二维欧姆表。图 6-14 显示了电阻式触摸屏的顶视图和侧视图。从侧面看，触摸屏由隔板分开的两个导电膜组成。两个膜必须是透明的，以便可以通过它们看到屏幕。如在顶视图中所见，底部的膜连接到地，而顶部膜的两侧连按到电压源，而其他两侧则连接到地。器件在 x 和 y 之间交替测量。在任一方向上，按压触摸屏可将两个膜结合在一起从而有电接触。可以测量该点处的电阻，利用该电阻值可以确定触摸的位置。在水平和垂直测量之间的切换限制了可以测量触摸位置的速度。触摸屏相对慢的速度使它们很少用于手势识别。

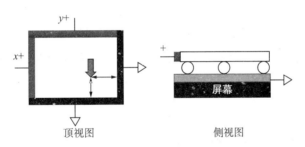

图 6-14　电阻式触摸屏的结构

大多数现代触摸屏都是电容式的。电容器阵列由沉积在材料层上的导线形成，它是由电介质分离的。电场施加到电容上，手指上的电容调节电场。由此产生的电荷变化可以通过寻址电容器来检测。

6.5　传声器

音频设备摆脱了小型化的趋势，鉴于音频信号的波长，这一点也不奇怪。信号的检测和生成通常是由物理尺寸与信号波长相匹配的装置来执行的。空中音频信号的波长范围是百分之一米到米级。相比之下，亚微米级波长的光更接近微电子器件的尺寸。

所有 3 种基本电气现象——电阻、电容和电感——都可用于捕获声音。首先是电阻式传声器。碳传声器有着复杂的历史，但至少有一个版本是由爱迪生发明的 [Edi79; Edi82A; Edi82B]。它使用一对碳按钮，其中一个与膜片接触。音频波冲击膜片导致它改变碳按钮上的压力，从而改变它们的电阻。这种传声器便宜而且效果好，它普遍使用了一个世纪。

感应式传声器称为动态传声器。在这种情况下，膜片连接到相对于磁体移动的感应线圈上，感应线圈可以产生电流。

电容器式传声器称为电容传声器，是传统电容器的名称。一个有趣的例子是 Gerhard Sessler 和 Jim West 在 1962 年发明的**驻极体传声器** [Ses64]。驻极体一词用于磁铁中，驻极体材料是一种永久充电的铁电材料。驻极体材料形成电容器的一个极板，也作为隔膜。因为驻极体材料被永久性充电，所以不必如其他类型的电容传声器中所需的那样，从外部施加电荷。

6.6 加速度计和惯性传感器

加速度计是 MEMS 惯性传感器。质量的惯性可以用于测量运动。惯性传感器用于许多用途：运动分析装置使用加速度计来测量身体的运动；相机使用加速度计来测量相机的运动并应用图像稳定校正。

图 6-15 显示了惯性传感器的基本设计 [Sch13]。**检验质量体**是质量值已知的物体。它通过弹簧连接到框架上，当框架移动时，检验质量体的惯性将使其抵抗由弹簧通过框架传递过来的运动。弹簧的行为取决于胡克定律 [Hal88]：

$$F = -kx \tag{6.8}$$

其中 x 是弹簧的位移，k 是弹簧常数。弹簧和检验质量体的系统一起可以描述为一个二阶微分方程。

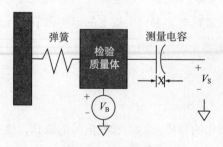

图 6-15 惯性传感器

检验质量体的运动是通过把检验质量体作为电容器的一个极板，并测量其静电而实现的。静电能够测量和施加机械力，因为电子间相互有力的作用。考虑电容器有两个极板的情况 [Fey10B]。电子在电场 E 中移动距离 Δx 所需的功为：

$$\Delta W = E \Delta x \tag{6.9}$$

两个正负极板之间的电场是：

$$E = \frac{\sigma}{\varepsilon} \qquad (6.10)$$

其中 σ 是极板单位面积上的电荷密度。如果电容上的电荷没有随着极板的移动而改变，那么电容器的能量变化为：

$$\Delta U = \frac{1}{2} Q^2 \Delta \left(\frac{1}{C} \right) \qquad (6.11)$$

对于面积为 A 的电容器，电容器上的总电荷为 $Q=\sigma A$，将式（6.9）代入式（6.11）得到：

$$F \Delta x = \frac{Q^2}{2} \Delta \left(\frac{1}{C} \right) \qquad (6.12)$$

电容值的增量是：

$$\Delta \left(\frac{1}{C} \right) = \frac{\Delta x}{\varepsilon A} \qquad (6.13)$$

将该式代入式（6.12）得到：

$$F = \frac{Q^2}{2\varepsilon A} \qquad (6.14)$$

由于该力的作用，有效的弹簧常数低于独立弹簧的情况。

测量电容器（其中一个极板就是检验质量体）本身产生抵消弹簧的吸引力。在测量中必须考虑该效应，弹簧力也可以使用压电效应来测量。

类似的原理可以用于构建更加复杂的运动传感器，如陀螺仪。电荷也可以施加到电容器上以向检验质量体施加力，这在某些类型的测量中是非常有用的。

6.7   小结

- 静电可用于在机械力和电信号之间进行转换。
- 可以构建 MEMS 器件，以操纵和测量从运动到光的物理现象。
- 图像的输入和输出取决于半导体可以吸收和发射光子的事实。
- 电阻、电容和电感都可用作 I/O 设备中的输入或输出机制。

问题

6-1 电容器的极板尺寸为 1mm × 1mm，通过空气介质隔开 1nm，空气的介电常数 $\varepsilon = 1.0\varepsilon_0$。对于 1 nC 的电荷，在板之间应施加多大的力？

6-2 驻极体传声器的极板尺寸为 3mm × 3mm，极板之间的电介质是介电常数为 $\varepsilon_a = 1.0\varepsilon_0$ 的空气。绘制极板距离在 0.1 ～ 1nm 范围内的传声器电容是多少？

6-3 在图 6-13 所示的电路中，令 $L_1 = 1$mH、$C_1 = 100$pF、$C_2 = 33$pF，没有音乐家时的天线电容是 $C_{ant} = 50$pF。对于产生 3 个八度（8X）的音调范围，天线电容的改变范围是多少？

新 兴 技 术

7.1 引言

我们在本书的开头看到，构成今天计算机的技术既不明显也不可预见。今天的 CMOS 技术比 20 世纪 80 年代相对简单的技术更加先进和复杂。CMOS 的特性使其能够主导集成电路 30 年。

CMOS 是历史上使用最广泛和最先进的技术之一。CMOS 之所以普及有几个原因：

- 采用 CMOS 首先也是最重要的原因是其极低的功耗。经典 CMOS 具有非常小的静态功耗，支持新型的便携式设备。由于 CMOS 可以在宽范围电源电压下工作，因此它易于适应许多操作环境。随着时间的推移，CMOS 的功率优势也转化为节能方法，如 DVFS 以及更低的散热。
- CMOS 电路设计相对容易。CMOS 门的高输入阻抗意味着逻辑门是松散耦合的，改变一个门可以减慢附近的门，但不太可能导致完全的功能故障。CMOS 电路是结构化的，面向管子的布局也适合于标准单元布局。因此，晶体管尺寸和布局布线是有效的设计方法。

CMOS 不太可能在短时间内被完全取代。然而，它确实面临重大挑战：高功耗和散热、复杂的制造工艺、效率限制。摩尔定律的终结鼓励许多人寻找新的替代品。在本章的其余部分，我们将简要考虑两个内容：碳纳米管和量子计算机。

7.2 碳纳米管

碳纳米管是**富勒烯**的一个实例，是具有球形或片状几何形状的碳结构。在纳米管的情况下，碳原子形成六边形的结构，并缠绕而形成管子。根据其组成细节，纳米管可以表现为金属或半导体。

碳纳米管可以做成非常接近传统 MOSFET 的几何结构 [Bac01]，如图 7-1 所示。在图中，金属线垂直于纳米管放置，其间具有二氧化硅层。金属线充当栅极，而纳米管的两端形成源极和漏极。可以掺杂纳米管以控制其导电性能。

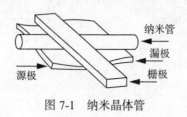

图 7-1　纳米晶体管

纳米晶体管

纳米晶体管比同等尺寸的硅 MOS 晶体管具有更大的增益。它们的亚阈值导电斜率 S 低于硅晶体管的亚阈值导电斜率，这意味着栅极电压只需要较小的变化，就能产生给定沟道电流的增加。

然而，纳米晶体管背后的物理机制与用于制造 MOSFET 的物理机制不完全相同。由于碳原子只有一层厚，所以纳米管器件的导电区域是一维的。与 MOSFET 沟道中电子的二维运动相比，电子散射和扩散的机会少很多。因此，电子运动至少部分是**弹道**的，即电子行进长距离而没有碰撞。

此外，源极 / 漏极电流的控制不是在沟道体中执行的，而是在沟道末端的结点处执行 [Avo03]。源极 / 漏极触点在纳米管和金属源极 / 漏极接触之间产生肖特基势垒。肖特基势垒可以在金属 – 半导体结处形成，能量势垒会产生二极管效应。

可以在单个纳米管上制造几个器件。通过合适地连接器件，已经构建了反相器等电路 [Bac01]。

然而，更大的设备必须由许多连接在一起的纳米管构成。由于生长纳米管的方法不适合将纳米管组织成图案，因此必须使用不同的工艺来组织纳米管。（纳米管的制造工艺也同时产生金属管和半导体管，因此必须采用合适的步骤以消除所需半导体区域中的金属纳米管。）

用纳米管构建逻辑网络的技术使用不同类型的纳米管结构，如图 7-2 所示。使用支撑结构将一个纳米管悬置在另一个纳米管上，两个纳米管彼此相互垂直。通过向管子施加电压，可以使悬浮的纳米管弯曲靠近底部纳米管。虽然它们不接触，但隧道效应允许电流流动。可以通过重新施加电压改变其电荷来实现编程。可以构建这些悬浮纳米管的二维阵列，也可以添加纳米管反相器来放大信号。二维阵列可用于构建类似于使用 MOSFET 构建的**可编程逻辑阵列**（PLA）。PLA 形成与 – 或 – 非逻辑结构：一个阵列执行与操作，另一个阵列执行或操作，一组完整的反相器结构可以提供完整的布尔函数。然而，在进行这项工作的时候，纳米管不能精确地排列，并且器件本身可能是有缺陷的，因此在结构中应包括额外的导线和器件以提供备件。

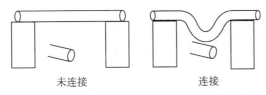

未连接   连接

图 7-2 一个由悬浮纳米管构成的开关连接

最近，使用一项新技术可将纳米管排列成组织良好的阵列结构 [Par12]。衬底涂覆有将纳米管黏附的化学品。电子束光刻技术用于产生覆盖部分表面的二氧化硅孤岛。当悬浮在溶液中的纳米管放置在物体表面的顶部时，它们选择性地黏附在由光刻确定的图案上，由高掺杂硅制成的衬底用作器件的背栅。

Shulaker 等在 2013 年报道了第一台碳纳米管计算机 [Shu13]。该计算机由 178 个碳纳米管 FET 组成，每个碳纳米管 FET 由 10 ~ 200 个碳纳米管构成，冯·诺依曼存储器在外片。该计算机执行单指令、减法，如果为负则跳转，这个指令是图灵完成的，可以用来写任意程序。它实现了一个非抢占式多任务操作系统。

7.3 量子计算机

量子计算机已经进入到实验阶段，但还不能正常使用。在历史上量子计算这一术语并不是指单一的技术，而是指具有不同用途的几种不同类型的机器，它们的共同点在于其对量子现象的依赖。对量子计算机的兴趣最初是由其计算可逆性的极端效率的理论结果驱动的。最近的兴趣则集中在其他有用的属性上：如何利用量子态快速搜索大的状态空间，以及将量子纠缠用于安全通信的方法。

我们在本书中隐含地假定了计算是不可逆的。3.7 节中的错误率分析依赖这个假设。但计算机不必实现不可逆的运算，可逆计算是非常有效的。我们从热力学的角度优先使用了可逆物理操作。卡诺循环描述了一个理想化的可逆热机。实际的发动机不能完全符合卡诺循环的要求，但可逆发动机的效率是非常高的。

Landauer 关于最小能量的原始论点 [Lan61] 分析了执行不可逆操作所需的能量。通过擦除旧的结果可使操作不可逆。一旦旧结果被擦除，此操作将无法逆转。然而，班尼特表明我们可以重新计算操作，以便它们不需要擦除 [Ben73]。

首先，考虑可逆运算的数学公式。函数 f 是从域 X 到范围 Y 的映射：

$$f: X \to Y \tag{7.1}$$

　　然而，并不是所有的映射都具有函数关系。要成为一个函数，域中的每个值至多对应取值范围中的一个值。如果将该函数绘制为图形，则 X 轴上的点将由 Y 轴上的至多一个点来表示，函数曲线将不会自身反向。f 的反函数为：

$$\widetilde{f}=Y\rightarrow X \tag{7.2}$$

　　若 $\widetilde{f}$ 是一个函数，则其取值范围 X 中的每个值至多对应 X 中的一个值。在这种情况下，对于任何 x，$\widetilde{f}(f(x))=x$ 是唯一定义的，因为每次映射只有一个可能的结果。

　　许多布尔函数不可逆。例如，OR（a，b）=1 可以由其输入的 3 个不同值产生：a=1，b=0；a=0，b=1；a=1，b=1。图 7-3 所示为交换运算符的示例，这个操作是可逆的——将其两次应用于任何给定的输入对，都将返回原来的输入值。一般来说通过添加输出，可以使我们能够重建原始输入，而得到不可逆布尔运算的可逆运算版本。

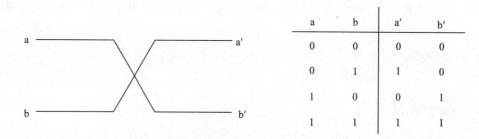

图 7-3　交换运算符

　　班尼特展示了如何定义一个可逆的图灵机，它可以互换地向前或向后运行。构建可逆机的最直接方法是保存所有的中间状态，但是这需要大量的存储空间用于存储最终的输出，而且其中的大部分是没有用的。这个机器使用 3 个磁带：一个用于临时记录用于可逆计算的历史；一个保存最后的输出；第三个保存重建的输入。为了确保图灵机的每个磁头上的每个操作都是可逆的，操作设计成在单个步骤中不允许读－写－移位，而是分成单独的读－写和移位操作。

　　班尼特指出，化学过程提供了有效可逆过程的实际例子，它们执行类似于计算的操作 [Ben73]。他指出，与 DNA 和 RNA 相关的许多化学过程都是可逆的，并且对 DNA 和 RNA 进行操作都是复杂的并且按顺序执行的。

　　Adelman 证明了使用 DNA 可以进行组合优化 [Ade94]。他编码了 DNA 中一个小图形的结构 [Ade94]。图中的每个顶点都表示 DNA 序列，并且图中的边缘表示为对边缘的源端点和汇集端点进行编码的序列。一系列的化学反应通过反复迭代，可以找出通过该图的定向哈密尔顿路径。

量子力学提供了一组可用于构建可逆计算机的操作 [Fey85]。量子力学系统的状态可以用一组**基本状态**来描述。从一个状态到另一个状态的跃迁被描述为基本状态进和出转换的线性组合。这些跃迁是可逆的，在数学上由原始跃迁的复共轭来表示。可能的状态跃迁集合在名为**哈密尔顿算子**的矩阵中描述。系统状态可以由基本状态的任何叠加而形成。当用于表示二进制值时，这些状态中的每一个都被称为**量子位**，即使相对小的量子系统也可以描述多个量子位。

贝尼奥夫描述了可逆图灵机的量子力学模型 [Ben82]。他的机器是基于有限晶格自旋 −1/2 系统的，他用一组量子态来描述图灵机的状态。他表明每个图灵机的状态可以由系统哈密尔顿量描述的物理状态来表示。系统的状态不会随着机器执行而降低，也不会消耗能量。计算速度 Δ（图灵机一个周期所需的时间）与能量不确定性有关。较长的 Δ 导致系统能量更小的不确定性，但是量子图灵机的速度可以通过增加平均系统能量而增加，增加系统能量不会导致状态退化或能量耗散。系统效率是由能量不确定性 δE 除以计算速度 Δ 而确定的，该效率接近量子极限：

$$\frac{\delta E}{\Delta} \leqslant 2\pi\hbar \tag{7.3}$$

Feynman 描述了如何构建量子力学可逆计算机 [Fey85]。他使用 Fredkin 和 Toffli [Tof81; Fred82] 定义的可逆运算，如图 7-4 所示，图中包括非、控制 – 非、控制 – 控制 – 非（这个符号不使用素数作为否定运算符）。他展示了如何使用添加的原子作为程序计数器位置来控制由哈密尔顿算子控制的操作序列。

1998 年 Jones 和 Mosca [Jon98] 报道了第一台可运行的量子计算机。他们使用核磁共振执行 Deutsch 的算法，该算法确定给定函数是否落入两种类型之一，即常数和平衡。从那时起，建立了几台更复杂的量子计算机。

建立量子计算机的另一种方法依赖**约瑟夫逊效应**。当两块合适类型的材料被薄导体分开时，由于隧道效应，电流将在它们之间流动。约瑟夫逊因预测了这种效应而在 1973 年获得了诺贝尔物理学奖 [Nob73]。隧道效应可以被磁场破坏。超导量子干涉装置（superconducting quantum interference Device，SQUID）利用了约瑟夫逊效应。平行地布置一对约瑟夫逊结以在超导线中产生环。在没有磁场的情况下，流过导线的电流均匀地通过环路的两个支路。施加的磁场使电流流经环路以消除磁场。这种感应电流加强了环路一侧的电流，并在另一侧抵消了该电流。随着外部磁通量的增加，SQUID 中的感应电流反转。随着施加的磁通量的继续增加，感应电流继续反转，反转以磁通量一半的倍数出现。DWave 量子计算机 [DWa16] 使用 SQUID 计算元件和超导环路作为 SQUID 之间的耦合器。

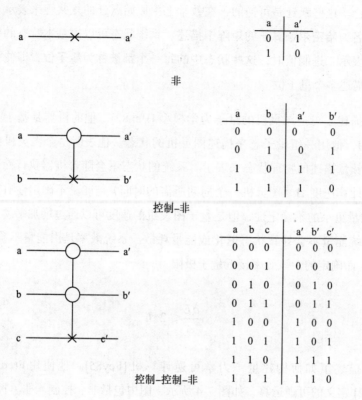

a	a'
0	1
1	0

非

a	b	a'	b'
0	0	0	0
0	1	0	1
1	0	1	1
1	1	1	0

控制-非

a	b	c	a'	b'	c'
0	0	0	0	0	0
0	0	1	0	0	1
0	1	0	0	1	0
0	1	1	0	1	1
1	0	0	1	0	0
1	0	1	1	0	1
1	1	0	1	1	1
1	1	1	1	1	0

控制-控制-非

图 7-4　两个可逆原语操作符

纠缠是指系统各部分之间的相关性 [Pre13]。两个纠缠的光子具有相关的状态，一个光子状态的测量结果与测量其纠缠的光子状态的结果相关。即使光子不再共同定位，也会发生这种相关。爱因斯坦把纠缠称为"远距离的幽灵行动"，但是这种效应已经通过许多实验得以验证。然而，光子与其他光子纠缠的能力有限。若光子与另一个光子的纠缠越多，则与其他光子的纠缠越少。

量子纠缠对于量子密码是有用的，因为它可以用于探测窃听。如果窃听者试图在经过时读取光子的值，则该光子的纠缠将被干扰，导致发送者和接收者的位不同。使用适当的协议，可以检测到这种差异，并作为被窃听的警告信息。

Bennett 和 Brassard 提出了一种用于加密密钥的量子分配方案 [Ben84]，该方案被设计为可以防止窃听。发送器 Alice 发出一个光子，其可以极化为 4 种不同基中的任意一种。接收器 Bob 接收光子并且选择一种基进行测量，但他并不知道 Alice 用的是哪种基发送的。如果 Bob 猜测到了正确的基去测量，则该位将被正确地解释。如果没有，结果将是无用的。如果第三方试图窃听，必定扰乱 Bob 接收到的值。在发送位之后，Alice 和 Bob 使用普通通信信道用于交换每位所使用的基的信息，这使得 Bob 能够确定哪些位被正确地接收了。（这个步骤使用安全通信信道。）然后，Alice 和 Bob 就可以通过公开比较一些应该正确接收到的位来测试是否被窃听，这些位将不再是秘密的，这意味着它们不能用于密钥。然而，如果 Alice 和 Bob 对比所有位都是一致的，则所有位的通信都是安全的没有被窃听，随着窃听位的数量增加，不一致的机会就增加。Bennett 和 Smolin 在 1989 年给出了量子安全通信的第一个演示实验 [Smo04]。他们建造了一个允许使用光纤传输脉冲的装置，该装置在黑暗中操作以避免杂散光子对通信造成污染。

量子密钥交换的实用性取决于量子纠缠的鲁棒性。纠缠的光子必须能够在不太理想的条件下远距离传输，并且存活足够长的时间。最近的实验表明在这些方面取得了进展。Herbst 等 [Her15] 证明了纠缠态的隐形态传送了从 Tenerife 到 La Palma 143km 的距离。它们的量子中继器使用通过大气传输的激光脉冲来进行纠缠交换，其中使两个先前独立的量子位被纠缠。Krenn 等 [Kre15] 证明了量子纠缠编码分布为轨道的角动量。由于光子携带的轨道角动量的量是无限的，所以该属性可以携带一个大的字母表。他们利用了一个多达 11 个轨道角动量的量子信道链路，演示了这些信息能在距离 3km 的大气中传播。

7.4 小结

- 碳纳米管可用于构建晶体管和互连。
- 碳纳米管的排列相对难以控制，需要自组织装配。
- 图灵机可以设计为可逆的。
- 量子计算机可以用少量硬件实现非常大的状态空间。
- 量子纠缠可用于检测安全通信是否被窃听。

常量与公式

A.1 物理常量

常量	符号	值
玻耳兹曼常数	k	1.38×10^{-23} J/K
电子的电荷量	q	1.6×10^{-19} C
温度在 300K 时的热电压	kT/q	0.026 V
自由空间介电常数	ε_0	8.854×10^{-14} F/cm
硅的介电常数	ε_{Si}	$11.68\varepsilon_0 = 1.03 \times 10^{-12}$ F/cm
二氧化硅的介电常数	ε_{ox}	$3.9\varepsilon_0 = 3.45 \times 10^{-13}$ F/cm
本征硅中的载流子浓度	n_i	1.45×10^{10} C/cm^3
硅的有效态密度	N_c, N_v	$N_c = 3.2 \times 10^{19}$ cm^{-3} $N_v = 1.8 \times 10^{19}$ cm^{-3}
温度在 300K 时硅的带隙	E_g	1.12 eV

A.2 公式

电阻率：$\rho = \dfrac{1}{\mu q^2 n_i}$

电阻：$R = \rho \dfrac{l}{A}$

掺杂材料中的载流子浓度：

$$n = N_d e^{-(E_d - E_f)/kT} = \frac{n_i^2}{N_a}$$

$$p = N_a e^{-(E_f - E_a)/kT} = \frac{n_i^2}{N_d}$$

掺杂和本征材料中的费米能级差：$\psi_B = \dfrac{kT}{q} \ln \dfrac{N_a}{n_i}$

空穴 – 电子积：$np = n_i^2 = N_c N_v e^{-E_g/kT}$

肖克利二极管特性：$J = J_0 \left(e^{qv/KT} - 1 \right), J_0 = \dfrac{qD_n n_p 0}{L_n} + \dfrac{qD_p P_n 0}{L_p}$

MOS 电容：$C_{ox} = \dfrac{\varepsilon_{ox}}{t_{ox}}, \psi_{s,iny} = 2\psi_B = 2\dfrac{kT}{q}\ln\dfrac{N_a}{n_i}$

MOSFET 的长沟道特性：

截止区 $V_{gs} < V_t$	$I_{dn} = 0$
线性区 $V_{ds} < V_{gs} - V_t$	$I_{dn} = k_n' \dfrac{W}{L}\left[\left(V_{gs} - V_{tn}\right)V_{ds} - \dfrac{1}{2}V_{ds}^2\right]$
饱和区 $V_{ds} \geqslant V_{gs} - V_t$	$I_{dn} = \dfrac{1}{2}k_n'\dfrac{W}{L}\left(V_{gs} - V_{tn}\right)^2$

亚阈值摆幅：$S = 2.3\dfrac{kT}{q}\left(1 + \dfrac{C_{dm}}{C_{ox}}\right)$

瑞利判据：$\mathcal{R} = k_l\dfrac{\lambda}{NA}$

良品率：$Y = e^{-AD}$

中值电压：$V_M = \dfrac{\sqrt{\dfrac{\beta_p}{\beta_n}}\left(V_{DD} - |V_{tp}|\right) + V_{tn}}{1 + \sqrt{\dfrac{\beta_p}{\beta_n}}}$

有效电阻：$R_t = \dfrac{R_{lin} + R_{sat}}{2} = \dfrac{10V_B + 3V_t}{6\beta V_B^2}$

延迟（$0 \sim 50\%$）：$t_d = 0.69R_tC_L$

转换时间（$10\% \sim 90\%$）：$t_{rf} = 2.2R_tC_L$

最优锥形驱动链：$\alpha = e, n = \ln\dfrac{C_{big}}{C_1}$

开关能量：$E_s = C_LV_{DD}^2$

开关功率：$P_s = fC_LV_{DD}^2$

理想缩放：$\dfrac{\hat{t}}{t} = \dfrac{1}{x}, \dfrac{\hat{R}}{R} = x$

热力学噪声误差概率：$P_{err} = e^{-E_b/kT}$

解耦电容：$C_D = \dfrac{nI_{max}t_{max}}{\Delta V}$

任意段大小的 Elmore 延迟：$\delta_E = \displaystyle\sum_{1 \leqslant i \leqslant n} c_i \sum_{1 \leqslant j \leqslant i} r_j$

均匀导线的 Elmore 延迟：$\delta_E = \dfrac{1}{2}rcn(n+1)$

串扰：$\Delta V_{\mathrm{V}} = \dfrac{C_{\mathrm{C}}}{C + C_{\mathrm{C}}} \Delta V_{\mathrm{A}}$

时钟周期：$T \geqslant \Delta + t_{\mathrm{s}} + t_{\mathrm{h}}$

亚稳态：$P_{\mathrm{F}} = \dfrac{t_{\mathrm{SH}}}{T} \mathrm{e}^{-S/\tau}$

缓冲导线延迟：

$$t_{\mathrm{bwire}} = N\left[(R_{\mathrm{b}} + r)c + \frac{1}{2}\left(\frac{n}{N} - 1\right)\left(\frac{n}{N} - 2\right)rc + \left(\frac{n}{N}r + R_{\mathrm{b}}\right)(C_{\mathrm{b}} + c) \right]$$

总线延迟：$\delta_{\mathrm{bus}} = k_1 (C_{\mathrm{L}} N)^{1/k} + k_2 N^2$

阿姆达尔定律：$S(n) = \dfrac{1}{(1-P) + \dfrac{P}{N}}$

DRAM 电压：$\dfrac{V_{\mathrm{bl}}}{V_{\mathrm{line}}} = \dfrac{C_{\mathrm{line}}}{C_{\mathrm{line}} + C_{\mathrm{bit}}}$

缓存：$t_{\mathrm{av}} = t_{\mathrm{hit}} p_{\mathrm{hit}} + t_{\mathrm{miss}}(1 - p_{\mathrm{hit}}) = t_{\mathrm{hit}}\left[p_{\mathrm{hit}} + M(1 - p_{\mathrm{hit}}) \right]$

磁盘：$T_{\mathrm{access}} = T_{\mathrm{seek}} + T_{\mathrm{rot}} + T_{\mathrm{RW}}$

分页性能：$t_{\mathrm{page}} = t_{\mathrm{res}}\left[p_{\mathrm{res}} + M_{\mathrm{d}}(1 - p_{\mathrm{res}}) \right]$

相对分页性能：$\dfrac{t_{\mathrm{page,SSD}}}{t_{\mathrm{page,mag}}} = \dfrac{p_{\mathrm{res}} + M_{\mathrm{ssd}}(1 - p_{\mathrm{res}})}{p_{\mathrm{res}} + M_{\mathrm{mag}}(1 - p_{\mathrm{res}})}$

佩克特定律：$I^n = C$

DVFS（动态电压频率调节）：$E_{\mathrm{DVFS}} = nC\dfrac{G_2}{T^2}$

RTD（电阻式温度检测器）：$E_{\mathrm{RTD}} = n\left[CV^2 + L \right]$

散热器：$T_{\mathrm{J}} = T_{\mathrm{A}} + P\Theta$

傅立叶热传导定律：$T = PR$

牛顿冷却定律：$\dfrac{\mathrm{d}Q}{\mathrm{d}t} = hA\Delta T, \; T(T) = T_{\mathrm{A}} + \left[T(0) - T_{\mathrm{A}} \right] \mathrm{e}^{-t/t_0}$

稳态结温度：$T_{\mathrm{J}} = T_{\mathrm{A}} + P\Theta$

RC 温度模型：$T(t) = (T_0 - PR)\mathrm{e}^{-t/RC} + PR + T_{\mathrm{A}}$

峰峰比：$\dfrac{T_{\mathrm{p}}}{H} = \dfrac{1 - \mathrm{e}^{-K}}{1 + \mathrm{e}^{-K}}$

阿列纽斯方程：$r = A\mathrm{e}^{-E_{\mathrm{a}}/kT}$

芯片寿命与温度的关系：$\varphi_{\mathrm{th}} = \displaystyle\int_0^t \dfrac{1}{kT(t)} \mathrm{e}^{-E_{\mathrm{a}}/kT(t)} \mathrm{d}t$

电　　路

B.1　引言

本附录是对一些有用的电路分析和方法的快速回顾。

B.2　RLC 元器件定律

电阻、电容和电感都是经典的电子元件，它们的电路图符号如图 B-1 所示。对其中的每一种元件，我们都关注流过元件的电流和元件两端的电压。

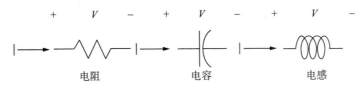

图 B-1　电阻、电容和电感上的电压和电流

一个特定电阻都会标称电阻值。术语电阻率是指材料的性质。考虑具有给定电阻率的材料，通过将材料制成不同的形状可以构建不同电阻值的电阻。

电阻两端的电压和通过它的电流之间关系由**欧姆定律**给出：

$$R = \frac{V}{I} \tag{B.1}$$

其中 R 表示这个元件的电阻。

电容的电压和电流之间的关系稍微复杂一些。电容 C 定义为

$$C = \frac{Q}{V} \tag{B.2}$$

在这种情况下，Q 是存储在电容器中的电荷。通过电容器的电流取决于其电压相对于时间的变化率：

$$I = C \frac{\mathrm{d}V}{\mathrm{d}t} \tag{B.3}$$

电感值和穿过电感的磁通量相关。电感上的电磁力等于磁通量变化率的负值：

$$\varepsilon = \frac{d\Phi_B}{dt}$$ （B.4）

电感定义为磁通量与流过电感电流的比值：

$$L = \frac{\Phi}{I}$$ （B.5）

电感的电压由电流相对于时间的变化率来确定：

$$V = L\frac{dI}{dt}$$ （B.6）

阻抗是概括电阻、电容和电感的一种通用形式的电阻。阻抗的传统符号为 Z，阻抗可以为一个复数。

B.3　电路模型

一个电气电路可以抽象为一张电路图。如图 B-2 所示，电路的元器件表示为图中的边，而元器件之间的电路连接表示为节点。

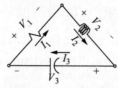

图 B-2　一个电路图

术语电路来自电传导需要连续路径的事实，其在图的术语中称为电路。

B.4　基尔霍夫定律

基尔霍夫电流定律（KCL）和**基尔霍夫电压定律**（KVL）揭示了电路中电流和电压之间的关系。KCL 和 KVL 是非常普遍的，因为它们源自质量和能量的守恒。

KCL 如图 B-3 所示，3 个阻抗构成了一个 T 型连接。流过 3 个阻抗的电流分别为 I_1、I_2 和 I_3。在这个例子中，定义这 3 个电流都流入节点。如果要表示相反方向上流动的电流，我们只需将其取反。KCL 要求流入节点的所有电流总和必须为零：

$$\sum_{i \in \text{node}} I_i = 0$$ （B.7）

所以由图可得 $I_1+I_2+I_3=0$。

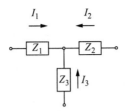

图 B-3　基尔霍夫电流定律

KVL 如图 B-4 所示，3 个阻抗连成一个环路。它们的电压分别为 V_1、V_2 和 V_3。与电流一样，我们可以通过对电压取反来表示与之方向相反的电压。KVL 要求环路上的电压总和为零：

$$\sum_{i \in \text{loop}} V_i = 0 \tag{B.8}$$

所以由图可得，$V_1+V_2+V_3=0$。

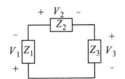

图 B-4　基尔霍夫电压定律

B.5　基本电路分析

我们经常需要根据电路中给定的其他电压和电流值而确定某一处的电压或电流值。根据 RLC 器件定律和 KCL/KVL 性质，可以使用线性代数来计算电路中的待求值。

任何电路中的电压 – 电流关系都可以用欧姆定律的通用阻抗形式来表示：

$$V = Z I \tag{B.9}$$

其中

$$V = \begin{pmatrix} V_1 \\ \cdots \\ V_n \end{pmatrix}, \quad I = \begin{pmatrix} I_1 \\ \cdots \\ I_n \end{pmatrix} \tag{B.10}$$

$$Z = \begin{pmatrix} Z_{11} & & Z_{1n} \\ & \ddots & \\ Z_{n1} & & Z_{nn} \end{pmatrix} \tag{B.11}$$

矩阵 Z 的元素由电路图确定：给定两个节点 i, j, Z_{ij} 的值由这两个节点之间的阻抗给出。

对于常见类型的电路，一些特殊情况也是适用的。

B.5.1 串联和并联电路

我们通常想将电路的一部分用单个**等效阻抗**来表示。等效阻抗是代数表示的一种形式。

图 B-5 展示了串联和并联阻抗。串联的等效阻抗为：

$$Z_{ser} = Z_1 + Z_2 \qquad\qquad\qquad (B.12)$$

并联的等效阻抗为：

$$Z_\| = \frac{1}{\dfrac{1}{Z_1} + \dfrac{1}{Z_2}} = \frac{Z_1 Z_2}{Z_1 + Z_2} \qquad\qquad (B.13)$$

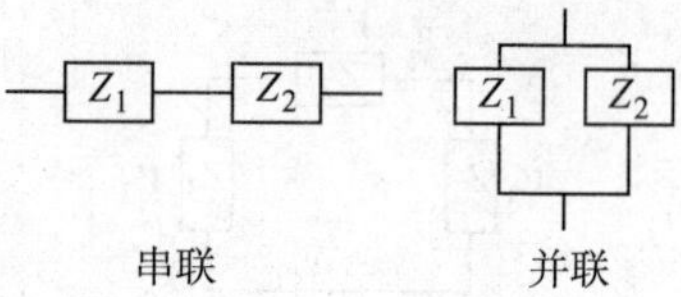

串联   并联

图 B-5 串联和并联阻抗

B.5.2 分压器

如图 B-6 所示，分压器是一种非常常见的电路，反相器就是分压器的一个例子。两个阻抗串联，给定串联电路两端的电压，我们就可以确定其中一个阻抗两端的电压：

$$V_b = \frac{Z_2}{Z_2 + Z_1} V_a \qquad\qquad\qquad (B.14)$$

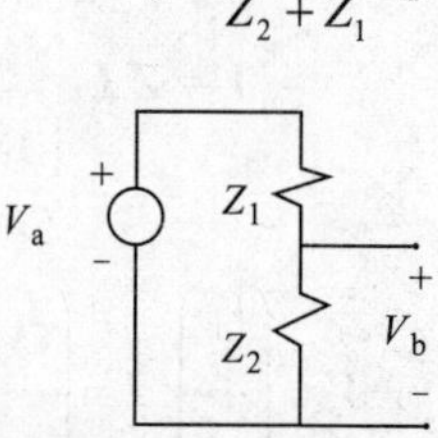

图 B-6 分压器

B.5.3 梯形网络

梯形网络是一种常见的形式，并且适合通过手工方式推导代数分析。传输线是典型的梯形网络。

图 B-7 展示了一个两段梯形电路。它的输入端口在 V_0 处，而输出端口在 V_4 处。我们可以将网络的后一部分变换为单个等效阻抗来求解出 V_4：

$$Z_{234} = Z_2 \parallel (Z_3 + Z_4) = \frac{Z_2(Z_3 + Z_4)}{Z_2 + Z_3 + Z_4} \qquad (\text{B.15})$$

利用分压原理，可以很容易计算出 V_2：

$$V_2 = V_0 \frac{Z_{234}}{Z_1 + Z_{234}} \qquad (\text{B.16})$$

确定了 V_2，可以再次利用分压关系求解 V_4：

$$\begin{aligned}
V_4 &= V_2 \frac{Z_2}{Z_3 + Z_4} \\
&= V_0 \frac{Z_{234}}{Z_1 + Z_{234}} \frac{Z_2}{Z_3 + Z_4} \\
&= V_0 \frac{\dfrac{Z_2(Z_3 + Z_4)}{Z_2 + Z_3 + Z_4}}{Z_1 + \dfrac{Z_2(Z_3 + Z_4)}{Z_2 + Z_3 + Z_4}} \frac{Z_2}{Z_3 + Z_4}
\end{aligned} \qquad (\text{B.17})$$

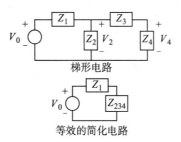

图 B-7　两段梯形网络分析

B.6　微分方程和电路

为了能够充分理解带有电容和电感的电路行为，我们需要将时间变量引入到电路方程中。如上所述，表示电容和电感的定律是微分方程。当电路中有几个阻抗元件时，可以使用 KCL 和 KVL 来帮助我们写出电路的微分方程。

图 B-8 展示了只有一个电阻和一个电容串联的简单 RC 电路。需要一个初始条件来确定电路行为随时间的变化，假设在 $t = 0$ 时电容上的电荷为 Q_0。

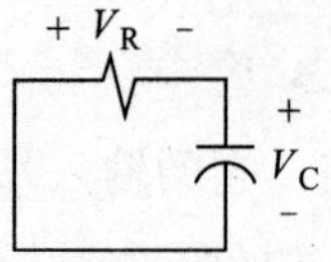

图 B-8　一个 RC 电路

由 KVL 知，电路环路上的电压之和为零：

$$V_R + V_C = 0 \tag{B.18}$$

我们可以将电阻和电容定律代入该方程得：

$$\frac{\mathrm{d}q}{\mathrm{d}t}R + \frac{q(t)}{C} = 0 \tag{B.19}$$

因为电容定律用电荷 q 来表示，又因为电流是单位时间内的电荷流量，所以可以重新表示通过电阻的电流，即 $I = \mathrm{d}q / \mathrm{d}t$。

对这个方程进行积分，可以得到电容器上的电荷与时间之间的函数关系表达式：

$$\frac{\mathrm{d}q}{\mathrm{d}t}R + \frac{q(t)}{C} = \int_0^q \frac{1}{q}\mathrm{d}p + \frac{1}{RC}\int_0^t \mathrm{d}p = \ln\frac{q}{Q_0} + \frac{t}{RC} \tag{B.20}$$

$$q(t) = Q_0 \mathrm{e}^{-t/RC} \tag{B.21}$$

为了确定电流和时间之间的函数关系，我们把电荷对时间求微分：

$$I(t) = -\frac{Q_0}{RC}\mathrm{e}^{-t/RC} = -\frac{V_0}{R}\mathrm{e}^{-t/RC} \tag{B.22}$$

给定电流表达式，可以很容易求出电阻两端的电压，然后使用 KVL 给出电容两端的电压：

$$V_C(t) = V_0 \mathrm{e}^{-t/RC} \tag{B.23}$$

我们通常用符号 $\tau = RC$ 来表示**时间常数**。这个量的单位是时间单位，它可以作为电路速度的一个快速参考：当 $t = \tau$ 时，则 $\mathrm{e}^{t/RC} = \mathrm{e}^{-\tau/\tau} = 0.37$。

图 B-9 所示为一个带有阶跃输入电压源的电路。电压源电压在 $t=0$ 时从 0 变为 V_S。电容器的初始电压为 $V_C(0)=V_0$。在 $t \geqslant 0$ 时电容器电压的波形为：

$$V_C(t) = (V_0 - V_S)\mathrm{e}^{-t/RC} + V_S \tag{B.24}$$

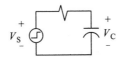

图 B-9　带有阶跃电压源的 RC 电路

B.7　线性时不变系统

RC 电路是典型的**线性时不变**（Linear Time-Invariant, LTI）系统。LTI 系统适合手工推导分析。

如果一个系统服从**叠加性**，我们就说它是线性的：

$$f(a+b)=f(a)+f(b) \tag{B.25}$$

叠加性能够将信号分解成更简单的信号，并确定电路对这些简单信号的响应，从而确定电路对复杂信号的响应。直观地说，图 B-10 所示的线性系统的输入 / 输出是一条通过原点的斜线。

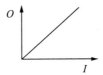

图 B-10　线性系统的形式

晶体管和二极管是非线性器件。我们能够在特定的操作区域中，构建这些器件的近似线性模型，它们的总体特性仍然是非线性的。求解涉及非线性器件的电路方程，需要使用数值方法。

一个时不变系统是其中的参数——如电阻——不改变的系统。时不变性是理想元器件的有用性质。然而，实际元器件会随温度而变化和老化。

练习题

B-1　求解电路中的电流。

B-2　求解电路中的电压。

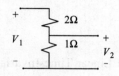

B-3   如果 V_1 为 1.0V，那么 V_2 为多少?

B-4   推导分压电路方程式（B.14）。

B-5   推导梯形电路等效阻抗方程式（B.15）。

B-6   给定一个阶跃电压为 1V 的电压源，电阻和电容串联。电容的初始电压为 1V。求出电容电压 V_c 随时间变化的表达式。

B-7   给电路一个阶跃输入，并测量电容器两端的电压作为输出。求输出电压从初值 0% 上升到最终值的 50% 所需的时间。

B-8   如果电压源为 2V，使用叠加原理求出题 B-2 电路中的 V_2 值。

概　率

C.1　引言

直观的概率公式基于一组离散事件的集合，其中一些是有利的，另外一些是不利的。有利事件发生的概率是：

$$P(F) = \Pr\{favorable\} = \frac{n_{favorable}}{n_{favorable} + n_{unfavorable}} \tag{C.1}$$

这一定义隐含 $0 \leqslant P \leqslant 1$。作为对比，赔率是有利与不利的比值。

如果一个事件的结果不影响另一个事件的结果，则两个事件是**独立**的。两个独立事件的联合概率是：

$$P(AB) = P(A)P(B) \tag{C.2}$$

如果两个事件不可能同时发生，则两个事件是**互斥**的，即

$$P(A \cup B) = P(A) + P(B) \tag{C.3}$$

如果两个事件不是互斥的，则有：

$$P(A \cup B) = P(A) + P(B) - P(AB) \tag{C.4}$$

条件概率是指在给定事件 B 发生的条件下事件 A 发生的概率：

$$P(A|B) = \frac{P(AB)}{P(B)} \tag{C.5}$$

概率质量函数（PMF）是离散随机变量，它是具有某一特定值的概率。**概率密度函数（PDF）**是连续随机变量取给定值的可能性。给定范围内值的概率由 PDF 的积分给出，称为**累积分布函数（CDF）**。

C.2　泊松分布

泊松分布描述了在给定间隔内，观察 k 次事件的发生概率：

$$P(N = k) = \frac{\lambda^k e^{-\lambda}}{k!} \tag{C.6}$$

λ 表示事件发生率,是一个间隔内事件发生的平均次数。泊松分布假定事件是独立的。一种有意义的特殊情况是没有事件发生:

$$P(N = 0) = e^{-\lambda} \tag{C.7}$$

C.3   指数分布

指数分布描述了泊松过程中事件之间在时间间隔内的分布情况。指数分布的 PDF 是:

$$P(x) = \lambda e^{-\lambda x}, x \geqslant 0 \tag{C.8}$$

其中 λ 表示泊松过程中的事件发生率。CDF 给出了在区间 $[0, x]$ 中发生事件的概率:

$$F(x) = 1 - e^{-\lambda x}, x \geqslant 0 \tag{C.9}$$

C.4   高斯分布

高斯分布也称为正态分布。给出事件发生的均值 μ 和方差 σ,高斯分布的 PDF 为:

$$P(x) = \frac{1}{\sigma\sqrt{2\pi}} e^{\frac{(x-\mu)^2}{2\sigma^2}} \tag{C.10}$$

高级主题

D.1 引言

在本附录中，我们简要讨论在 CMOS 数字设计中的几个高级主题。D.2 节描述了一些高级元器件的特性，D.3 节关注门延迟，D.4 节讨论互连延迟。

D.2 元器件的特性

PN 结

二极管的耗尽层宽度为 [Tau98]：

$$W_d = \sqrt{\frac{2\varepsilon_{si}(N_a + N_d)\psi_m}{qN_aN_d}} \tag{D.1}$$

其中 Ψ_m 是穿过 PN 结的电位降。耗尽层的电容是：

$$C_d = \frac{\varepsilon_{si}}{W_d} \tag{D.2}$$

MOS 场效应晶体管（MOSFET）

体效应是衬底偏压 V_{bs} 和阈值电压之间的关系。衬底灵敏度为 [Tau98]：

$$\frac{dV_t}{dV_{bs}} = \frac{\sqrt{\frac{2\varepsilon_{si}qN_a}{(2\psi_b + V_{bs})}}}{C_{ox}} \tag{D.3}$$

短沟道效应

短沟道器件需要更复杂的模型 [Tau98]。在这些情况下，源极和漏极之间的距离与源极 / 漏极结耗尽区的宽度相当。因此，源极和漏极区域会影响沟道中大部分的能带结构。

漏极引发的势垒降低是短沟道现象的结果之一。耗尽区侵入到沟道降低了阈值电压并降低了势垒，这会导致漏电流的增加。高漏极电压进一步降低势垒，导致阈值电压更大幅度的降低和漏电流的增加。

由于载流子的速度饱和，漏极电流在较低的电压下也饱和。饱和的漏极电流因此被调整。饱和夹断点与漏极边界之间的距离为 ΔL，饱和漏极电流变为：

$$I_\mathrm{d} = \frac{I_\mathrm{d,sar}}{1-(\Delta L / L)} \tag{D.4}$$

漏极电压的增加使得 ΔL 增加，这导致了漏极电流的增加。

D.3　逻辑门

我们将首先介绍非反相器 CMOS 门的电路拓扑，然后将描述门级延迟的两种模型：D.3.1 节介绍霍洛维茨模型，D.3.2 节介绍樱井 – 牛顿模型。

D.3.1　门级拓扑

静态互补逻辑之所以是静态的，是因为它不依赖于电荷存储；它之所以是互补的，是因为上拉和下拉电路网络实现互补的开关功能。

图 D-1 所示为两输入与非（NAND）和或非（NOR）门的电路拓扑。术语与或非（AND-OR-INVERT，AOI）以及或与非（OR-AND-INVERT，OAI）常用于表示复杂的门级结构。

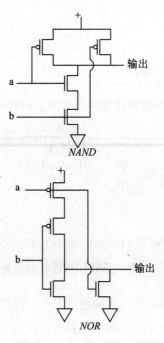

图 D-1　两输入与非（NAND）和或非（NOR）的互补逻辑门

比例逻辑

静态 CMOS 是无比率型的器件，因为其操作不依赖于器件参数的比率。无比率操作允许 CMOS 在很宽的电源电压下工作。而很多逻辑系列都是有比率型的。图 D-2 所示的 nMOS 门就是一个例子。上拉晶体管是耗尽型晶体管，它始终导通并且可以等效为一个电阻。当输出端电平增加时，上拉晶体管将输出电压上拉至电源电压。然而，当输出端往下转换时，上拉和下拉都保持导通。稳态的输出电压是由上拉和下拉形成的分压器来决定。

动态逻辑门利用存储的电荷。图 D-3 所示为多米诺逻辑门的电路拓扑，时钟信号控制着操作两个相位上的栅极状态。当时钟为低电平时，上拉晶体管对反相器的输入节点预充电。当时钟为高电平时，上拉关断，时钟的下拉晶体管允许栅极导通。术语多米诺来源于多米诺逻辑中所有逻辑信号必须为单调递增的要求。当时钟为高电平时，逻辑信号上的毛刺将使预充电节点放电。由于该节点在该周期内不能再充电，所以门的输出被破坏。

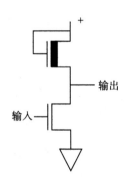

图 D-2　nMOS 反相器

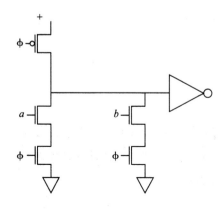

图 D-3　多米诺逻辑门

D.3.2　霍洛维茨斜率依赖延迟模型

霍洛维茨（Horowitz）[Hor84] 设计了一个依赖输入斜率的门延迟模型。我们可以使用高增益区域的电流源和低增益区域的电阻对斜率依赖延迟进行建模。栅极具有开关电压 V_s，其在饱和区中的跨导为 g_m，在这一区域的输出电流为 $V_{in} g_m$，在低增益区域中的门输出电阻为 R_f。如果将输入波形建模为上升斜率（也即输入为 0→1），可以写出输入波形的形式为：

$$V_{in}(t) = V_s + \frac{t}{\alpha \tau_f} \tag{D.5}$$

其中 $\tau_f = R_f C_L$。在开始转换时，栅极工作在高增益区域，在这一区域的输出电压为：

$$V_{out}(t) = \frac{t^2}{2\alpha\beta\tau_f^2} \tag{D.6}$$

其中 $\beta = 1/R_f C_L$。栅极进入低增益区域的时刻为：

$$t_s = \tau_f \left[\sqrt{1 + 2\alpha\beta} - 1 \right] \tag{D.7}$$

这一区域的输出电压为：

$$V_{out}(t) = \left(1 - \frac{t^2}{2\alpha\beta\tau_f^2} \right) e^{(t_s - t)/\tau_f} \tag{D.8}$$

我们将定义 t_d 为从输入电压达到 V_s 到输出电压达到 V_s 的时间。它的值可以写为：

$$t_d = \sqrt{(\tau_f \ln V_s)^2 + 2\tau_{in}\tau_g(1 - V_s)} \tag{D.9}$$

根号内的第一项是本征门延迟，第二项是斜率依赖的延迟。

D.3.3　樱井－牛顿模型

幂律模型

樱井－牛顿幂律模型 [Sak91; Sak91B] 是电路分析的重要工具。它是一个针对延迟的分析模型，可用于推导延迟的表达式，从而使我们能够理解参数之间的关系。它解释了许多晶体管现象以及真实的输入波形。

晶体管模型是长沟道 MOSFET 的通用模型，考虑到几个重要的短沟道效应，我们已经对它做了修改。它依赖几个参数，其中大多数是测量得到的，而不是从第一原理中导出的。首先，给出几个晶体管参数 [Sak91B]：

$$V_t = V_{t0} + \gamma \left(\sqrt{2\varphi_f - V_{bs}} - \sqrt{2\varphi_f} \right) \tag{D.10}$$

$$V_{d\,sat} = K(V_{gs} - V_t)^m \tag{D.11}$$

$$I_{d\,sat} = \frac{W}{L_{eff}} B(V_{gs} - V_t)^n \tag{D.12}$$

其中 V_{gs}、V_{ds} 和 V_{bs} 分别是栅－源电压、漏－源电压和衬底－源（或体－源）电压；W 是器件宽度；L_{eff} 是考虑了下述效应的有效沟道长度，这一效应导致沟道的行为似乎短于其几何长度；V_t 是阈值电压；$V_{d\,sat}$ 是漏极饱和电压；V_{t0}，γ 和 $2\varPhi_f$ 是阈值电压的参数；$I_{d\,sat}$ 是漏极饱和电流；K 和 m 描述了线性区域；B 和 n 描述饱和区域；λ_0 和 λ_i 描述了饱和区的有限电导。

漏极电流方程模型的线性区（I_{d3}）和饱和区（I_{d5}）与长沟道模型一样：

$$I_{d3} = I_{d5} \left(2 - \frac{V_{ds}}{V_{d\,sat}} \right) \frac{V_{ds}}{V_{d\,sat}} \tag{D.13}$$

$$I_{d5} = I_{d\,sat}(1 + \lambda V_{ds}) \tag{D.14}$$

其中 $\lambda = \lambda_0 - \lambda_1 V_{bs}$。线性区和饱和区的界限在于：

$$V_{ds} < V_{d\,sat} \tag{D.15}$$

在截止区，漏极电流为 0。

为了使用这些方程来分析电路延迟，可将它们的特性分为两个区域：快输入区域和慢输入区域。将慢输入和快输入区域的曲线平滑地连接，从而简化了分析。两者之间的界限取决于临界输入转换时间 [Sak91]：

$$t_{T0} = \frac{C_o V_{DD}}{2I_{do}} \frac{(n+1)(1-v_t)^n}{(1-v_t)^{n+1} - (v_v - v_t)^{n+1}} \tag{D.16}$$

在这个式子中，$v_t = V_{t0} / V_{DD}$，$v_v = V_{ihv} / V_{DD}$；C_O 是门的输出电容，I_{d0} 是输出漏极电流。

与简单的 RC 模型不同，幂律模型假设不是阶跃输入。它将输入建模为图 D-4 所示的波形：输入电压为 0，直到输入达到逻辑阈值电压 $V_{inv} = v_v V_{DD}$，然后跳变到 $V_{in,ap}$，然后以 $V_{in,ap}/V_{inv}$ 的斜率上升到电源电压。这个模型与之前的假设一样，每次只有一个晶体管导通。

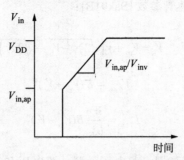

图 D-4　樱井 – 牛顿模型下的逻辑门输入电压

这个延迟模型分为两种情况。延迟时间 t_d 衡量输入达到电源电压的 50% 与输出达到电源电压 50% 之间的时间。输出转换时间 $t_{T\,out}$ 可以用作下一个门输入的转换时间 t_T。快输入模型包含了输入转变时间 $t_T \leqslant t_{T0}$ 的情况：

$$t_d = \tau_T \left\{ \frac{1}{2} - \frac{1-v_t}{n+1} + \frac{(v_v - v_t)^{n+1}}{(n+1)(1-v_t)^n} \right\} + \frac{C_o V_{DD}}{2 I_{do}} \quad (\text{D.17})$$

$$t_{T\,out} = \frac{C_o V_{DD}}{0.7 I_{do}} \frac{4 v_{d0}^2}{4 v_{d0} - 1} \quad (\text{D.18})$$

慢输入情况 $t_T > t_{T0}$ 时：

$$t_d = t_T \left[v_t - \frac{1}{2} + \left\{ (v_v - v_t)^{n+1} + \frac{(n+1)(1-v_t)}{2 t_T I_{do} / C_o V_{DD}} \right\}^{1/n+1} \right] \quad (\text{D.19})$$

$$t_{T\,out} = \frac{C_o V_{DD}}{0.7 I_{do}} \left(\frac{1 - v_t}{t_d / t_T + 1/(2 - v_t)} \right)^n \quad (\text{D.20})$$

在这两个式子中，$v_{d0} = V_{d0} / V_{DD}$。

幂律模型的应用

樱井和牛顿能够利用这种模型 [Sak91] 来显示出逻辑门电路的一些有趣性质，特别是对于具有几个串联晶体管的门，如 NAND、NOR 和复合门。由 RC 模型预测可知，当负载电容很小时，延迟应当是晶体管数量 N 的二次函数，他们证明了延迟以线性和平方之间的因子增加；当负载电容较大时，RC 模型预测延迟与 N 呈线性关系，他们证明了即使是在他们提出的更复杂的短沟道模型中也是如此。他们还考虑到一个问题：逻辑门的哪个输入是最慢的——离输出最近的还是离输出最远的？这个问题在加法器的设计中特别重要。他们证明，对于小负载电容，最接近门输出的输入是最快的；而对于大负载电容，离门最远的输入是最快的。

D.4 互连

在本节中，我们讨论互连分析：D.4.1 节中讨论 RC 树延迟，D.4.2 节中讨论 RC 电路中缓冲器的放置问题，D.4.3 节中讨论 RLC 树延迟。

D.4.1 RC 树

RC 树是 RC 传输线的概括，其中每个门驱动多个负载。鲁本斯坦、彭菲尔德和霍洛维茨 [Rub83] 得出了 RC 树阶跃响应的上限和下限；他们的模型通常称为彭菲尔德－鲁本斯坦模型。他们的分析使用了几个对 RC 树的部分求和：

$$T_P = \sum_k R_{kk} C_k \tag{D.21}$$

$$T_{Di} = \sum_k R_{ki} C_k \tag{D.22}$$

$$T_{Ri} = \sum_k R_{ki}^2 C_k / R_{ii} \tag{D.23}$$

在上式中，C_k 是节点处的电容；R_{kk} 是从输入到节点 k 的总电阻；R_{ki} 是沿着输入到节点 k 和节点 i 的路径分段电阻；T_p 是开路时间常数的总和；T_{Di} 是冲激响应的一阶矩。下面的函数用于推导出边界：

$$f_i(t) = \int_0^t \left[1 - v(t')\right] \mathrm{d}t' \tag{D.24}$$

$f_i(\infty) = T_{Di}$ 为冲激响应的一阶矩。鲁本斯坦等人证明了：

$$T_{Ri}\left[1 - v_i(t)\right] \leq T_{Di} - f_i(t) \leq T_P\left[1 - v_i(t)\right] \tag{D.25}$$

其电压界限如表 D-1 所示，其时间界限如表 D-2 所示。

表 D-1　RPH 电压界限 [RPH83]

下界	$0, t \leq T_{Di} - T_{Ri}$ $1 - \dfrac{T_{Di}}{t + T_{Ri}}, T_{Di} - T_{Ri} \leq t \leq T_P - T_{Ri}$ $1 - \dfrac{T_{Di}}{T_P} \mathrm{e}(T_P - T_{Ri}) / T_P \mathrm{e}^{-t/T_P}, t \geq T_P - T_{Ri}$
上界	$1 - \dfrac{T_{Di} - t}{T_P}, t \leq T_{Di} - T_{Ri}$ $1 - \dfrac{T_{Ri}}{T_P} \mathrm{e}^{(T_{Di} - T_{Ri}) / T_{Ri}} \mathrm{e}^{-t/T_{Ri}}, t \geq T_{Di} - T_{Ri}$

表 D-2　彭菲尔德 – 鲁本斯坦时间界限 [Rub83]

下界	$0, V_i(t) \le 1 - \dfrac{T_{Di}}{T_P}$ $T_{Di} - T_P\left[1 - V_i(t)\right], 1 - \dfrac{T_{Di}}{T_P} \le V_i(t) \le 1 - \dfrac{T_{Ri}}{T_P}$ $T_{Di} - T_{Ri} + T_{Ri}\ln\dfrac{T_{Di}}{T_P\left[1 - V_i(t)\right]}, V_i(t) \ge 1 - \dfrac{T_{Ri}}{T_P}$
上界	$\dfrac{T_{Di}}{1 - V_i(t)}, V_i(t) \le 1 - \dfrac{T_{Di}}{T_P}$ $T_P - T_{Ri} + T_P\ln\dfrac{T_{Di}}{T_P\left[1 - V_i(t)\right]}, V_i(t) \ge 1 - \dfrac{T_{Di}}{T_P}$

D.4.2　互连缓冲

Bakoglu [Bak90] 分析了 RC 传输线中缓冲器的位置和大小。给定具有总阻抗 $R_{int}C_{int}$ 的 RC 传输线，问题是将传输线分成 k 个分段，在每对分段之间（以及在传输线的两端）都加入一个缓冲器，每个分段的长度为 l。

如果所有缓冲器的大小都为 1，则 50% 延迟为：

$$\delta = k\left[0.7R_0\left(\frac{C_{int}}{k} + C_0\right) + \frac{R_{int}}{k}\left(0.4\frac{C_{int}}{k} + 0.7C_0\right)\right] \tag{D.26}$$

其中 R_0，C_0 是驱动器的等效电阻和输入电容。中继器的最佳数量可在 $\mathrm{d}\delta/\mathrm{d}k = 0$ 处求得：

$$k = \sqrt{\frac{0.4R_{int}C_{int}}{0.7R_0C_0}} \tag{D.27}$$

该结果可以推广到大小为 h 的中继器中。此时：

$$\delta = k\left[0.7\frac{R_0}{h}\left(\frac{C_{int}}{k} + hC_0\right) + \frac{R_{int}}{k}\left(0.4\frac{C_{int}}{k} + 0.7hC_0\right)\right] \tag{D.28}$$

$$k = \sqrt{\frac{0.4R_{int}C_{int}}{0.7R_0C_0}} \tag{D.29}$$

$$h = \sqrt{\frac{R_0C_{int}}{R_{int}C_0}} \tag{D.30}$$

将这些值代入得，

$$\delta = 2.5\sqrt{R_0 C_0 R_{\text{int}} C_{\text{int}}} \qquad (\text{D.31})$$

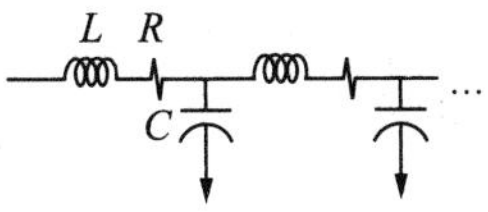

图 D-5   RLC 传输线

D.4.3   电感互连和 RLC 树

RLC 基础

电感互连比纯电容互连具有更为复杂的性质。随着电阻减小和频率增加，电感效应变得更加重要。

图 D-5 所示为 RLC 传输线模型。RLC 分段的极点位于：

$$\omega_0\left[\xi \pm \sqrt{\xi^2 - 1}\right] \qquad (\text{D.32})$$

其中

$$\omega_0 = \frac{1}{\sqrt{LC}} \qquad (\text{D.33})$$

$$\xi = \frac{R}{2}\sqrt{\frac{C}{L}} \qquad (\text{D.34})$$

其中 ξ 表示阻尼因子。如果 $\xi > 1$，则电路**过阻尼**，并且其冲激响应是两个指数函数的和。如果 $\xi < 1$，则电路**欠阻尼**，其冲激响应为指数型渐缩正弦曲线。

没有电阻的 LC 传输线给出了 RLC 互连中传播延迟的下限。理想 LC 传输线的信号传播速度为 [Ram65]

$$v = \frac{1}{\sqrt{LC}} \qquad (\text{D.35})$$

RLC 树

彭菲尔德－鲁本斯坦方法可以推广到 RC 树中 [Ism00; Sal12]。每个 RLC 节点需要两个矩（moment）：

$$m_1^i = -\sum_k C_k R_{ki} \qquad (\text{D.36})$$

$$m_2^i = \left(\sum_k C_k R_{ki}\right)^2 - \sum_k C_k L_{ki} \qquad (\text{D.37})$$

节点 i 的阻尼因子和固有频率可写为：

$$\xi_i = \frac{1}{2} \frac{\sum_k C_k R_{ki}}{\sqrt{\sum_k C_k L_{ki}}} \qquad (\text{D.38})$$

$$\omega_{ni} = \frac{1}{\sqrt{\sum_k C_k L_{ki}}} \qquad (\text{D.39})$$

节点 i 的 50% 延迟是：

$$t_{\text{pdi}} = \frac{1.047 \text{e}^{\xi_i/0.85}}{\omega_{ni}} + 0.695 \sum_k C_k R_{ki} \qquad (\text{D.40})$$

参 考 文 献

[Ade94] L. M. Adelman, "Molecular computation of solutions to combinatorial problems," *Science*, November 11, 1994, pp. 1021−1024.

[Aga07] Vishwani D. Agrawal and Srivaths Ravi, "Low-power design and test: dynamic and static power in CMOS," July 30−31, 2007, www.eng.auburn.edu/∼agrawvd/...07.../lp_hyd_2.ppt.

[All85] Ross R. Allen, John D. Meyer, and William R. Knight, "Thermodynamics and hydrodynamics of thermal ink jet printers," *Hewlett-Packard Journal*, 36(5), May 1985, pp. 21−27.

[Ata60] M. M. Atalla, "Semiconductor devices having dielectric coatings," U.S. Patent 3,206,670, March 8, 1960.

[Avo03] Phaedon Avouris, Joerg Appenzeller, Richard Martel, and Shalom J. Wind, "Carbon nanotube electronics," *Proceedings of the IEEE*, 91(11), November 2003, pp. 1772−1784.

[Bac01] Adrian Bachtold, Peter Hadley, Takeshi Nakanishi, and Cees Dekker, "Logic circuits with carbon nanotube transistors," *Science*, 294(5545), November 9, 2001, pp. 1317−1320, http://dx.doi.org/10.1126/science.1065824.

[Bak90] H. B. Bakoglu, *Circuits, Interconnections, and Packaging for VLSI,* Boston: Addison-Wesley, 1990.

[Bar50] John Bardeen and Walter H. Brattain, "Three-electrode circuit element utilizing semiconductor materials," U.S. Patent 2,524,035, October 3, 1950.

[Bay75] Bryce E. Bayer, "Color imaging array," U.S. Patent 3,971,065, March 5, 1975.

[Ben73] Charles H. Bennett, "Logical reversibility of computation," *IBM Journal of Research and Development*, 17(6), November 1973, pp. 525−532.

[Ben82] Paul Benioff, "Quantum mechanical models of Turing machines that dissipate no energy," *Physical Review Letters*, 48(23), June 7, 1982, pp. 1581−1585.

[Ben84] C. H. Bennett and G. Brassard, "Quantum cryptography: public-key distribution and coin tossing," *Proceedings of the IEEE International Conference on Computers, Systems, and Signal Processing, Bangalore, India*, 1984, pp. 175−179.

[Bla69] J. R. Black, "Electromigration—a brief survey and some recent results," In: *IEEE Transactions on Electron Devices*, 16(4), April 1969, pp. 338−347.

[Bud04] Ravi Budruk, Don Anderson, and Tom Shanley, *PCI Express System Architecture*, Boston: Addison-Wesley, 2004.

[Cha73] Thomas J. Chaney and Charles E. Molnar, "Anomalous behavior of synchronizer and arbiter circuits," *IEEE Transactions on Computers*, C-22(4), April 1973, pp. 421−422.

[Coe16] David Coelho, personal communication, January 29, 2016.

[Cyp15] Cypress, *PSoC 5LP: CY8C52LP Family Datasheet*, Document number 001-84933, Rev. I, November 30, 2015.

[Deh03] Andre DeHon, "Array-based architecture for FET-based, nanoscale electronics," *IEEE Transactions on Nanotechnology,* 2(1), March 2003, pp. 23−32.

[Den68] Robert H. Dennard, "Field-effect transistor memory," U.S. Patent 3,387,286, June 4, 1968.

[Den74] Robert H. Dennard, Fritz H. Gaensslen, Hwa-Nien Yu, V. Leo Rideout, Ernest Bassous, and Andre R. LeBlanc, "Design of ion-implanted MOSFET's with very small physical dimensions," *IEEE Journal of Solid-State Circuits,* SC-9(5), October 1974, pp. 256−268.

[DWa16] DWave, "Introduction to the D-Wave Quantum Hardware," http://www.dwavesys.com/tutorials/background-reading-series/introduction-d-wave-quantum-hardware.

[Edi79] Thomas A. Edison, *Improvement in Carbon-Telephones*, U.S. Patent 222,390, December 9, 1879.

[Edi82A] Thomas A. Edison, *Telephone*, U.S. Patent 252,422, January 17, 1882.

[Edi82B] Thomas A. Edison, *Telephone*, U.S. Patent 266,022, October 17, 1882.

[Edi84] Thomas A. Edison, *Electrical indicator*, U.S Patent 307,031, October 21, 1884.

[EIA15] U.S. Energy Information Agency, "Frequently Asked Questions," http://www.eia.gov/tools/faqs/faq.cfm?id=97&t=3, October 15, 2015.

[ElG05] Abbas El Gamal and Helmy Eltoukhy, "CMOS image sensors," *IEEE Circuits and Devices Magazine*, May/June 2005, pp. 6−20.

[Elm48] W. C. Elmore, "The transient response of damped linear networks with particular regard to wideband amplifiers," *Journal of Applied Physics*, 19, 1948, 55−63.

[Fey85] Richard P. Feynman, "Quantum mechanical computers," *Optics News*, February 1985, pp. 11−20.

[Fey10A] Richard P. Feynman, Robert B. Leighton, and Matthew Sands, *The Feynman Lectures on Physics, Volume I: Mainly Mechanics, Radiation and Heat*, Millenium Edition, New York: Basic Books, 2010.

[Fey10B] Richard P. Feynman, Robert B. Leighton, and Matthew Sands, *The Feynman Lectures on Physics, Volume II: Mainly Electromagnetism and Matter*, Millenium Edition, New York: Basic Books, 2010.

[Fis95] J. P. Fishburn and C. A. Schevon, "Shaping a distributed-RC line to minimize Elmore delay," *IEEE Transactions on CAS-I*, 42, December, 1995, pp. 1020−1022.

[Fla85] Stephen T. Flannagan, "Synchronization reliability in CMOS technology," *IEEE Journal of Solid-State Circuits*, 20(4), August 1985, pp. 880−882.

[Fos95] Eric R. Fossum, "CMOS image sensors: electronic camera on a chip," In: *International Electron Devices Meeting, 1995*, IEEE, 1995, pp. 17−25.

[Fle05] J. A. Fleming, "Instrument for converting alternating currents into continuous currents," U.S. Patent 803,684, November 7, 1905.

[Fre82] Edward Fredkin and Tommaso Toffoli, "Conservative logic," *International Journal of Theoretical Physics*, 21(3/4), 1982, pp. 219−253.

[Gar08] Martin Gardner, *Origami, Eleusis, and the Soma Cube*, Cambridge University Press, 2008.

[GEL15] GE Lighting, "News − First LED by the GE engineer, Nick Holonyak," http://www.gelighting.com/LightingWeb/emea/news-and-media/news/First-LED-by-the-GE-engineer-Nick-Holonyak.jsp.

[Gin11] Ran Ginosar, "Metastability and synchronizers: a tutorial," *IEEE Design & Test of Computers*, 28(5), September/October 2011, pp. 23−35.

[Gup08] Puneet Gupta and Evanthia Papadopoulou, "Yield analysis and optimization," Chapter 37 In: Charles J. Alpert, Dinesh P. Mehta, and Sachin S. Sapatnekar (Eds.), *Handbook of Algorithms for Physical Design Automation*, Auerbach Publications, 2008.

[Hal88] David Halliday, Robert Resnick, and John Merrill, *Fundamentals of Physics, Third Edition Extended*, New York: John Wiley and Sons, 1988.

[Hec98] Eugene Hecht, *Optics*, third edition, Addison Wesley Longman, 1998.

[Hei68] George H. Heilmeier, Louis A. Zanoni, and Lucian A. Barton, "Dynamic scattering: a new electrooptic effect in certain classes of nematic liquid crystals," *Proceedings of the IEEE*, 56(7), July 1968, pp. 1162−1171.

[Her15] Thomas Herbst, Thomas Scheidl, Matthias Fink, Johannes Handsteiner, Bernhard Wittmann, Rupert Ursin, and Anton Zeilinger, "Teleportation of entanglement over 143 km," *PNAS*, 112(46), 2015, 14202−14205; published ahead of print November 2, 2015, http://dx.doi.org/10.1073/pnas.1517007112.

[HGS12] HGST, *UltraStar A7K2000 3.5-Inch Enterprise 7200 RPM Hard Disk Drives*, DSUA722009EN-02, 2012.

[Hoe62] Jean A. Hoerni, "Method of manufacturing semiconductor devices," U.S. Patent 3,025,589, March 20, 1962.

[Hol88] Herman Hollerith, "Art of compiling statistics," U.S. Patent 395,782, September 8, 1888.

[Hor84] Mark Alan Horowitz, *Timing Models for MOS Circuits*, prepared under U.S. Army Research Office Contract No. DAAG-29-80-K-0046, Integrated Circuits Laboratory, Stanford Electronics Laboratories, Stanford University, Stanford, California, January 1984.

[Int11] Intel, *Intel Xeon Processor E7-8800/4800/2800 Product Families, Datasheet Volume 1 of 2*, Reference Number 325119-001, April 2011.

[Int12] Intel, *Intel Solid-State Drive 520 Series Product Specification*, Order Number 325986-001US, February 2012.

001US, February 2012.

[Int14] Intel, *PHY Interface for the PCI Express, SATA, and USB 3.1 Architectures*, version 4.3, 2014.

[Ish16] Alex Ishii, personal communication, April 7, 2016.

[Ism00] Y. I. Ismail, E. G. Friedman and J. L. Neves, "Equivalent Elmore delay for RLC trees," In: *IEEE Transactions on Computer-Aided Design of Integrated Circuits and Systems*, vol. 19, no. 1, January 2000, pp. 83−97.

[ITR01] ITRS, *International Technology Roadmap for Semiconductors: 2001 Edition, Executive Summary*, 2001, http://itrs.net.

[ITR05] ITRS, *International Technology Roadmap for Semiconductors: 2005 Edition, Executive Summary*, 2005, http://itrs.net.

[ITR07] ITRS, *International Technology Roadmap for Semiconductors: 2007 Edition, Executive Summary*, 2007, http://itrs.net.

[ITR11] ITRS, *International Technology Roadmap for Semiconductors: 2011 Edition, Executive Summary*, 2011, http://itrs.net.

[ITR13] ITRS, *International Technology Roadmap for Semiconductors: 2013 Edition, IRC Overview*, 2013, http://itrs.net.

[Jae75] Richard C. Jaeger, "Comments on 'An optimized output stage for MOS integrated circuits,'" *IEEE Journal of Solid-State Circuits*, SC10(3), June 1975, pp. 185−186.

[Jed16] JEDEC Solid State Technology Association, *High Bandwidth Memory (HBM) DRAM*, JESD235A, November 2015.

[Jon98] A. Jones and M. Mosca, "Implementation of a Quantum Algorithm on a Nuclear Magnetic Resonance Quantum Computer," *Journal of Chemical Physics*, 109, 1998, pp. 1648−1653.

[Kah63] Dawon Kahng, "Electric field controlled semiconductor device," U.S. Patent 3,102,230, August 27, 1963.

[Kah67] D. Kahng and S. M. Sze, "A floating gate and Its application to memory devices," *Bell System Technical Journal*, 46, 1967, pp. 1288−1295.

[Kah76] Dawon Kahng, "A historical perspective on the development of MOS transistors and related devices," *IEEE Transactions on Electron Devices*, 23(7), July 1976, pp. 655−657.

[Key70] R. W. Keyes, and R. Landauer, "Minimal energy dissipation in logic," *IBM Journal of Research and Development*, vol. 14, no. 2, March 1970, pp. 152−157.

[Kil64] Jack S. Kilby, "Miniaturized electronic circuits," U.S. Patent 3,138,743, June 23, 1964.

[Kre15] Mario Krenn, Johannes Handsteiner, Matthias Fink, Robert Fickler, and Anton Zeilinger, "Twisted photon entanglement through turbulent air across Vienna," PNAS, 2015 112(46), pp. 14197−14201; published ahead of print November 2, 2015, http://dx.doi.org/10.1073/pnas.1517574112.

[Lan61] R. Landauer, "Irreversibility and heat generation in the computing process," *IBM Journal of Research and Development*, vol. 5, no. 3, July 1961, pp.183−191.

[Lan71] Bernard S. Landman and Roy L. Russo, "On a pin versus block relationship for partitions of logic graphs," *IEEE Transactions on Computers*, C-20(12), December 1971, pp. 1469−1479.

[Lee97] Thomas H. Lee, Mark G. Johnson, and Matthew P. Crowley, "Temperature sensor integral with microprocessor and methods of using same," U.S. Patent 5,961,215, October 5, 1999.

[Loh07] Gabriel H. Loh, Yuan Xie, and Bryan Black, "Processor design in 3D die-stacking technologies," *IEEE Micro, IEEE*, 27(3), May−June 2007, pp. 31−48.

[Lov16] Dominick Lovicott, *Thermal Design of the Dell PowerEdge T610, R610, and R710 Servers*, undated.

[May79] Timothy C. May and Murray H. Woods, "Alpha-particle-induced soft errors in dynamic memories," *IEEE Transactions on Electron Devices*, ED-26(1), January 1979, pp. 2−9.

[McW80] Thomas M. McWilliams, *Verification of Timing Constraints on Large Digital Systems*, Ph.D. Thesis, Stanford University, May 1980.

[Mea79] Carver Mead and Lynn Conway, *Introduction to VLSI Systems*, Addison-Wesley, 1979.

[Men97] Sunetra K. Mendis, Sabrina E. Kemeny, Russell C. Gee, Bedabrata Pain, Craig O. Staller, Quiesup Kim, and Eric R. Fossum, "CMOS active pixel image sensors for highly integrated imaging systems," *IEEE Journal of Solid-State Circuits*, 32(2), February 1997, pp. 187−197.

[Mil20] John M. Miller "Dependence of the input impedance of a three-electrode vacuum tube upon the load in the plate circuit," Scientific Papers of the Bureau of Standards, 15(351), 1920, pp. 367−385.

[Nie85] Niels J. Nielsen, "History of ThinkJet printhead development," *Hewlett-Packard Journal*, 36(5), May 1985, pp. 4−10.

[Nob56] Nobel Media AB 2014, "The Nobel Prize in Physics 1956," Nobelprize.org. http://www.nobelprize.org/nobel_prizes/physics/laureates/1956/.

[Nob73] Nobel Media AB 2014, "The Nobel Prize in Physics 1973," Nobelprize.org. http://www.nobelprize.org/nobel_prizes/physics/laureates/1973/josephson-facts.html.

[Nob00] Nobel Media AB 2014, "The Nobel Prize in Chemistry 2000," Nobelprize.org. http://www.nobelprize.org/nobel_prizes/chemistry/laureates/2000/.

[Nob00B] Nobel AB Media 2015, "The Nobel Prize in Physics 2000," Nobelprize.org. http://www.nobelprize.org/nobel_prizes/physics/laureates/2000/kilby-facts.html.

[Nob09] Nobel Media AB 2014, "The Nobel Prize in Physics 2009," Nobelprize.org. http://www.nobelprize.org/nobel_prizes/physics/laureates/2009/.

[Nob14] Nobel Media AB 2014, "The 2014 Nobel Prize in Physics − Press Release," Nobelprize.org. http://www.nobelprize.org/nobel_prizes/physics/laureates/2014/press.html.

[Noy61] Robert N. Noyce, "Semiconductor device-and-lead structure," U.S. Patent 2,981,877, April 25, 1961.

[Ono07] Shinya Ono, Koichi Miwa, Yuichi Maekawa, and Takatoshi Tsujimura, "V_T compensation circuit for AM OLED displays composed of two TFTs and one capacitor," *IEEE Transactions on Electron Devices*, 54(3), March 2007, pp. 462−467.

[Pan09] Panasonic, *Failure Mechanism of Semiconductor Devices*, T04007BE-3, April 2009.

[Par12] Hongsik Park, Ali Afzali, Shu-Jen Han, George S. Tulevsky, Aaron D. Franklin, Jerry Tersoff, James B. Hannon and WIlfried Haensch, "High-density integration of carbon nanotubes via chemical self-assembly," *Nature Nanotechnology*, 7, December 2012, pp. 787−791.

[Pav99] Paolo Pavan and Roberto Bez, "The Industry Standard Flash Memory Cell," Chapter 2 in Paulo Cappelletti, Carla Golla, Piero Olivo, and Enrico Zanoni, *Flash Memories*, Boston: Kluwer Academic Publishers, 1999.

[Pec97] Kim Peck, *PICmicro^{TM} Microcontroller Oscillator Design Guide*, Microchip Technology, Inc., An588, DS00588B, 1997.

[Pow16] Powerstream.com, "Battery comparison chart—rechargeable," April 4, 2016, http://www.powerstream.com/Compare.html.

[Pre58] Ben Preece, "Flying high at zero altitude," *Modern Mechanix*, December, 1958, pp. 41−121, http://blog.modernmechanix.com/giant-analog-flight-simulator/.

[Pre13] John Preskill, "Quantum entanglement and quantum computing," *Caltech News*, http://www.caltech.edu/news/quantum-entanglement-and-quantum-computing-39090.

[PTM15] Arizona State University, Predictive Technology Model, http://ptm.asu.edu.

[Ram65] Simon Ramo, John R. Whinnery, and Theodore van Duzer, *Fields and Waves in Communication Electronics*, New York: John Wiley and Sons, 1965.

[Roy00] The Royal Swedish Academy of Sciences, "The Nobel Prize in Chemistry, 2000: Conductive polymers," 2000. http://www.nobelprize.org/nobel_prizes/chemistry/laureates/2000/advanced-chemistryprize2000.pdf.

[Rub83] Jorge Rubinstein, Paul Penfield, Jr., and Mark A. Horowitz, "Signal delay in RC tree networks," *IEEE Transactions on CAD*, CAD-2(3), July 1983, pp. 202−211.

[Sak91] Takayasu Sakurai and A. Richard Newton, "Delay analysis of series connected MOSFET circuits," *IEEE Journal of Solid-State Circuits*, 26(2), February 1991, pp. 122−131.

[Sak91B] Takayasu Sakurai and A. Richard Newton, "A simple MOSFET model for circuit analysis," *IEEE Transaction on Electron Devices*, 38(4), April 1991, pp.887−894.

[Sal12] Emore Salman and Eby G. Friedman, *High Performance Integrated Circuit Design*, New York: McGraw-Hill, 2012.

[Sch13] Derek K. Schaeffer, "MEMS inertial sensors: a tutorial overview," *IEEE Communications Magazine*, April 2013, pp. 100−109.

[Shu13] M. Shulaker, G. Hills, N. Patil, H. Wei, H. Chen, G. Gielen, G., and S. Mitra, "Carbon nanotube computer," *Nature*, 501(7468), 2013, pp. 526−530.

[Sea16] Sears, *Craftsman Arc Welder*, http://www.sears.com/craftsman-arc-welder/ p-00920566000P?prdNo=1&blockNo=1&blockType=G1.

[Seq75] Carlo H. Séquin and Michael F. Tompsett, *Charge Transfer Devices*, New York: Academic Press, 1975.

[Ser07] Dimitrios N. Serpanos and Wayne Wolf, "VLSI models of network-on-chip interconnect," In: *IFIP International Conference on Very Large Scale Integration, 2007. VLSI — SoC 2007*, October 15—17, 2007, pp. 72—77.

[Ses64] Gerhard M. Sessler and James E. West, *Electroacoustic transducer*, U.S. Patent 3,118,022, January 14, 1964.

[She98] Kenneth L. Shepard and Vinod Narayanan, "Conquering noise in deep-submicron digital ICs," *Design & Test of Computers, IEEE*, 15(1), January—March 1998, pp. 51—62.

[Sho88] Masakazu Shoji, *CMOS Digital Circuit Technology*, Englewood Cliffs NJ: Prentice Hall, 1988.

[Sie82] Daniel P. Siewiorek and Robert S. Swarz, *The Theory and Practice of Reliable System Design*, Digital Press, 1982.

[Ska04] Kevin Skadron, Mircea R. Stan, Karthik Sankaranarayanan, Wei Huang, Sivakumar Velusamy, and David Tarjan, "Temperature-aware microarchitecture: modeling and implementation,"*ACM Trans. Archit. Code Optim.* 1(1), March 2004, pp. 94—125.

[Ske98] Kenneth D. Skeldon, Lindsay M. Reid, Vivienne McInally, Brendan Dougan, and Craig Fulton, "Physics of the Theremin," *American Journal of Physics*, 66(11), November 1998, pp. 945—955.

[Smi85] F. M. Smits, ed. *A History of Engineering and Science in the Bell System: Electronics Technology (1925—1975)*, AT&T Bell Laboratories, 1985.

[Smo04] J. A. Smolin, "The early days of experimental quantum cryptography," In: *IBM Journal of Research and Development*, 48, no.1, January 2004, pp .47—52.

[Sze81] S. M. Sze, *Physics of Semiconductor Devices*, second edition, New York: John Wiley and Sons, 1981.

[Swa60] J. A. Swanson, "Physical versus logical coupling in memory systems," In: *IBM Journal of Research and Development*, 4(3), July 1960, pp.305—310.

[Tau97] Yuan Taur and Tak h.Ning, Fundamentals of Modern VLSI Devices, Cambridge: Cambridge University Press.

[Tof81] Tomasso Toffoli, "Bicontinuous extensions of invertible combinatorial functions," Mathematical Systems Theory, 14, 1981, pp. 13—23.

[Tra15] Wikipedia, "Transistor count," https://en.wikipedia.org/wiki/Transistor_count.

[Wal77] Jearl Walker, "The Amateur Scientist: Wonders of physics that can be found in a cup of coffee or tea," *Scientific American*, November 1977.

[Wik16] Wikipedia, "Energy density," http://www.wikipedia.org/wiki/Energy_density.

推荐阅读

计算机科学导论（原书第3版）

作者：[美]贝赫鲁兹 A.佛罗赞　译者：刘艺 刘哲雨 等　ISBN：978-7-111-51163-2　定价：69.00元

"这是一本条理清晰并且深入浅出的教科书，这部教科书包含传统和现代计算机的基本原理。"

—— Sam Ssemugabi，南非大学计算机学院资深讲师

《计算机科学导论》是国外计算机等IT相关专业本科生的一本基础课教材，也是一本非常经典的计算机入门读物。作为一本百科全书式的计算机专业基础入门读物，书中涉及计算机科学的方方面面。虽然读者对象是计算机专业的学生，但这本书深入浅出，引人入胜，勾画出计算机科学体系的框架，为有志于IT行业的学生奠定计算机科学知识的基础，架设进一步深入专业理论学习的桥梁。

本书是基于美国计算机学会（ACM）推荐的CS0课程设计的，从广度上覆盖了计算机科学所有的领域，既适合国内大专院校用作计算机基础课教材，也可以供有意在计算机方面发展的非计算机专业读者作为入门参考。

计算机科学概论（原书第5版）

作者：[美]内尔·黛尔 约翰·路易斯

中文版书号：978-7-111-53425-9，定价：79.00 英文版书号：978-7-111-44813-6，定价：69.00

本书由当今该领域备受赞誉且经验丰富的教育家Nell Dale和John Lewis共同编写，全面介绍计算机科学领域的基础知识，为广大学生勾勒了一幅生动的画卷。就整体而言，全书内容翔实、覆盖面广，旨在向读者展示计算机科学的全貌；从细节上看，本书层次清晰、描述生动，基于计算机系统的洋葱式结构，分别介绍信息层、硬件层、程序设计层、操作系统层、应用程序层和通信层，涉及计算机科学的各个层面。

本书贯穿了计算机系统的各个方面，非常适合作为计算机专业的计算机导论课程教材，为后续专业课程打下坚实的基础；同时还适合作为非计算机专业的计算机总论课程教材，提供计算机系统全面完整的介绍。

计算机文化（原书第15版）

作者：（美）June Jamrich Parsons，Dan Oja

中文版书号：978-7-111-46540-9，定价：79.00 英文版书号：978-7-111-42803-9，定价：79.00

本书的编写风格非常清晰，章节的划分合理实用。书中包含的技术信息对于那些已经初步了解基本计算机概念的学生既轻松有趣又非常实用。

—— Martha Lindberg，明尼苏达州立大学

本书采用最先进的方法和技术讲述计算机基础知识，涉及面之广、内容之丰富、方法之独特，令人叹为观止，堪称计算机基础知识的百科全书。本书涵盖影响计算和日常生活的重要技术趋势，对数据安全、个人隐私、在线安全、数字版权管理、开源软件和便携式应用程序等进行了广泛讨论。全书层次合理、图文并茂，各章还配有测验，非常适合作为高校各专业的计算机导论教材和教师参考书，也可供广大计算机爱好者参考使用。

推荐阅读

数据结构与算法分析：Java语言描述 原书第3版

作者：马克·艾伦·维斯 ISBN：978-7-111-52839-5 定价：69.00元

数据结构与抽象：Java语言描述 原书第4版

作者：弗兰克 M.卡拉诺 ISBN：978-7-111-56728-8 定价：139.00元

数据结构、算法与应用——C++语言描述 原书第2版

作者：萨特吉·萨尼 ISBN：978-7-111-49600-7 定价：79.00元

数据结构与算法分析——C语言描述 原书第2版

作者：马克·艾伦·维斯 ISBN：978-7-111-12748-X 定价：35.00元

算法基础

作者：罗德·斯蒂芬斯 ISBN：978-7-111-56092-0 定价：79.00元

函数式算法设计珠玑

作者：理查德·伯德 ISBN：978-7-111-56251-1 定价：69.00元

算法导论（原书第3版）

作者：Thomas H. Cormen 等
ISBN：978-7-111-40701-0 定价：128.00元

C程序设计语言（第2版·新版）

作者：Brian W. Kernighan 等
ISBN：978-7-111-12806-0 定价：30.00元

深入理解计算机系统（原书第3版）

作者：Randal E. Bryant 等
ISBN：978-7-111-54493-7 定价：139.00元

计算机组成与设计：硬件/软件接口（原书第5版）

作者：David Patterson 等
ISBN：978-7-111-50482-5 定价：99.00元